Roderich Götzfried

So sind sie halt, die SAUEN

Dieses Buch widme ich den Sauen dieser Welt.

Sie mögen mir jagdliche Sünden, die mir bei der Bejagung ab und an unterlaufen sind, bitte verzeihen!

Roderich Götzfried

So sind sie halt, die SAUEN!

Neumann-Neudamm

Bildnachweis: Die Illustrationen auf den Seiten 118-140 stammen von ERICH DITTMANN; die Fotos auf den Seiten 1, 2/3, 4/5, 10/11, 18/19, 24/25, 30/31, 38/39, 46/47, 53, 54, 64/65, 72/73, 82/83, 90/91, 92, 100/101, 102, 108/109, 114/115, 116, 145, 146, 152/153, 162/163, 164, 170/171, 177, 178, 185, 186, 199, 200, 214, 232, 240 und Vor- und Nachsatz stammen von KARL-HEINZ VOLKMAR, Zierenberg; die Fotos auf den Seiten 8, 12, 59, 157, 194, 205, 206, 209, 210, 215, 221, 223, 230, 234 und das Umschlagsfoto stammen von RODERICH GÖTZFRIED.

ISBN 978-3-7888-1420-5

Schwalbenweg 1, 34212 Melsungen
Tel. 05661-9262-0, Fax 05661-9262-20
www.neumann-neudamm.de
info@neumann-neudamm.de

Printed in the European Community
Satz/Layout: J. Neumann-Neudamm AG
Titelgestaltung: J. Neumann-Neudamm AG
Druck und Weiterverarbeitung:
Gutenberg Riemann GmbH, Kassel

Inhaltsverzeichnis

Vorwort

Warum schon wieder ein Buch über Sauen? Es gibt doch inzwischen wirklich genug. Genug? Nein, Leser, die selbst der Faszination Schwarzwild erlegen sind, können doch gar nicht genug davon bekommen. Ich selbst kenne alle diesbezüglichen Erscheinungen und mir geht keine Neuerscheinung durch die Lappen.

Schwarzwild hat heute auch einen ganz anderen Stellenwert unter den Jägern. Vor dreißig oder vierzig Jahren begannen Jungjäger ihre Laufbahn meist mit dem Abschuss eines Knopfbockes oder eines Schmalrehs, an Sauen mochte damals überhaupt noch keiner denken, die waren rar und machten sich selten. Wie ein Lauffeuer ging es durch die örtliche Jägerschaft, wenn auf der Strecke einer Waldjagd ein oder zwei Sauen lagen. Als Jungjäger zitterte und bangte man in jener Zeit, auch einmal zu einer solchen Jagd mit Aussicht auf ein Stück Schwarzwild auf der Strecke eingeladen zu werden. Dabei sein war damals alles.

Mir wurde im Jahre 1966 damals das Glück zuteil, im hessischen Spessart an einer solchen Jagd teilnehmen zu dürfen. „Kimmst mit, steck der a paar Brennecke eu."

Auf solchen Waldjagden schoss man damals ein Dutzend Hasen und ein oder zwei Füchse und alle Jäger waren glücklich und zufrieden.

Ich reiste an, selbstverständlich als Mitfahrer, Auto hatte ich noch keines – die Taschen prallvoll mit Flintenlaufgeschossen. Im letzten Treiben, es dunkelte schon ein bisschen, schoss ich doch tatsächlich die einzige Sau des Tages und das kam mir sehr teuer zu stehen. Eine Runde von sage und schreibe sechsundsiebzig Jägermeistern musste ich schmeißen. Das Geld dazu lieh mir ein Jagdfreund. Zuhause pumpte ich meinen Vater an, der meine jagdliche Laufbahn mit der Warnung dämpfte: „Wenn's so weiter geht, bleibst in Zukunft daheim!"

Heute starten Jungjäger mit Sauansitzen und ihr erstes Schalenwild ist meist ein Schwarzkittel. Schoss man damals noch zehn bis zwanzig Rehe und mehr pro Sau, streckt man heute meist zehn Sauen pro Reh. So ändern sich die Zeiten!

Sicherlich kennen die meisten meiner Leser den Spessart-Sauklassiker von Fortmeister Frieß mit dem Titel „Hatz Watz“. Seine äußerst spannenden Berichte über Saujagden über die Höhen und Täler des Spessarts mit seinen Terrier- und Wachtelmeuten habe ich immer und immer wieder gelesen. Frieß berichtete dabei von zwei bis maximal fünf Sauen pro Tag. Heute liegen in den gleichen Spessartrevieren meist zwanzig bis vierzig Sauen pro Jagdtag, allerdings werden sie von ungleich mehr Schützen und mit einem deutlich höheren Hunde- und Treiberaufwand erzielt.

Keine Frage, das Schwarzwild ist in den meisten Revieren unseres Landes die dominierende Wildart und deshalb wird auch zu Recht so viel über seine Bejagung berichtet.

Schwarzwildverrückte wie ich filzen darüber hinaus auch die alten Jahrgänge von Jagdzeitschriften immer zuerst nach Saujagdberichten durch. Aber auch in den neuen Zeitschriften reizen mich immer zuerst Geschichten über Sauen.

Ich bin aber nicht nur saujagdverrückt, die Verfolgung und Bejagung dieser grauschwarzen Borstentiere hat mich auch krank gemacht. Medizinisch ist diese Krankheit noch nicht erfasst, doch wenn es so weiter geht mit der Sauschwemme, werden sich öfter und öfter weitere Patienten bei Psychologen melden, das wird nicht ausbleiben.

Schon relativ frühzeitig merkte ich, dass mein Körper instinktiv und unweigerlich reagiert, wenn ich im Revier brandfrische Anzeichen von Schwarzwild feststelle. Saufährten oder Gebräch aus der vergangenen Nacht haben unweigerlich eine Blitzreaktion in meinem Darmtrakt zur Folge. Mein alter Jagdfreund Edmund, der mit mir immer abfährtet, reicht mir dann sofort ein paar Tempotaschentücher, denn mir bleibt in solchen Fällen wirklich nicht mehr viel Zeit, ein einigermaßen geschütztes Plätzchen für die prompte Explosion in meinem Körper zu finden. Interessant vielleicht für Mediziner, die sich einmal intensiver mit so einem Leiden befassen wollen, ist, dass mein Gedärm nur auf ganz frische Fährten und Pirschzeichen so blitzartig anspricht. Manchmal habe ich dabei direkt das Gefühl, mein Dickdarm würde abfährten, aber das kann doch nicht sein. Ich weiß nicht, mit wem dieser dabei kommuniziert, fest steht nur, dass er immer prompt reagiert. Noch ein weiteres Symptom lässt mich zu dem Schluss kommen, dass ich

Die Wand meiner Lieblinge.

seit Langem saukrank bin. Es ist mir eigentlich peinlich davon zu berichten, aber zu einer überzeugenden Diagnose eines Leidens gehört ja die Kenntnis aller Symptome, seien sie nun körperlicher oder psychischer Natur.

Also ich berichte, wie es eben ist.

Viele Männer stellen sich beim Liebesakt oft zusätzlich tolle sexy Frauen vor, denken an gewisse unvergessliche Situationen und dergleichen. Was soll ich Ihnen sagen, ich sehe oftmals dabei einen grandiosen Keiler aus einer nahen dunklen Dickung schnurgerade auf mich zukommen. Er kommt näher und näher und näher und beim Höhepunkt geht er unmittelbar neben mir spektakulär über Kopf und verschlegelt dann – wie ich auch.

Wer so krank ist und wer weit mehr als vierzig Jahre mit Sauen gelebt hat, der ist berechtigt, noch ein Buch über das Schwarzwild zu schreiben. Ich muss mir meine Gedanken und Erlebnisse auch schon deshalb von der Seele schreiben, damit ich in meinem Hirn wieder für andere Jagdsachen Platz bekomme, andernfalls würde ich noch wirklich sauverrückt werden.

Ich möchte dabei berichten, wie ich die Sauen kennen und lieben gelernt habe. Wissenschaftler mögen meinen Erkenntnissen vielleicht in dem einen oder anderen Punkt widersprechen. Wissenschaft und Praxis treffen nicht immer genau aufeinander. Die Wissenschaft zieht ihre Schlüsse überwiegend aus der Literatur, aus Statistiken und Dissertationen, der Praktiker lernt vor Ort.

Vor vielen Jahren erzählte man sich im Spessart, dass ein Universitätsprofessor dort auf einem nächtlichen Sauenansitz fünf Schafe geschossen hatte, er glaubte, Sauen vor sich zu haben. Der Mann wusste zweifellos alles über Schwarzwild, nur nicht, wie dieses nachts bei Halbmond aussieht.

Sauen sind pfiffig und listig, sie haben einen brachialen Überlebenswillen und kommen mit allen Verhältnissen, und sei es mitten in Wohngebieten, gut zurecht.

Es würde mich sehr freuen, wenn Jungjäger von diesem Buch etwas lernen könnten für ihre Laufbahn als künftige Sauenjäger. Älteren Waidgenossen wünsche ich Spaß an meinen Erzählungen, ob sie diese nun daheim im Sessel lesen oder ob sie damit die langen Ansitze auf dem Hochsitz verkürzen.

„Früh übt sich."

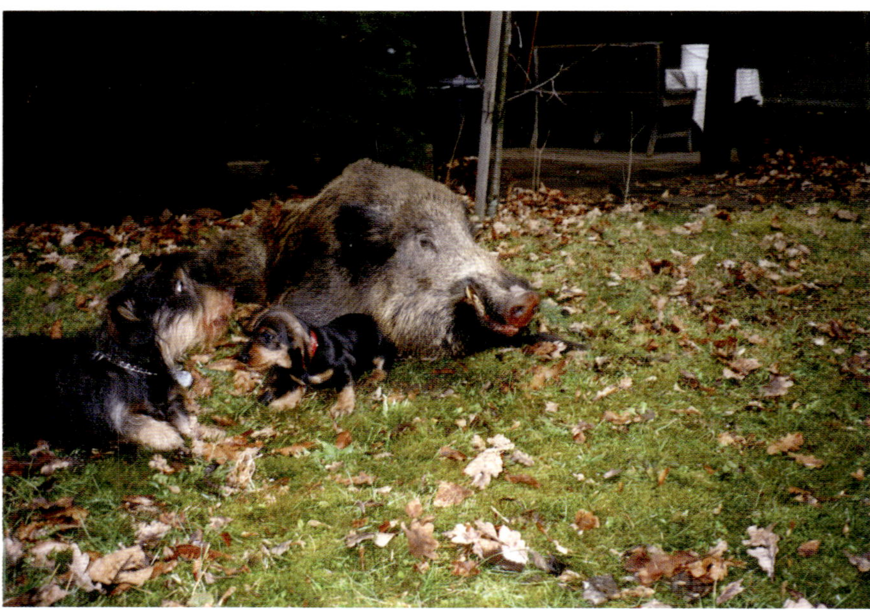

Früh Kontakt aufnehmen.

Aller Anfang ist schwer

Meine allererste Sau schoss ich an einem wunderschönen Junimorgen im Jahre 1963 in Kranichstein, nicht weit vom bekannten Jagdschloss entfernt. Mein späterer Jagdfreund Engelbert, der damals aber noch mein jagdlicher Gönner war, hatte sich dieses wildschadenhochexplosive kleine Eigenjagdrevier nach einem großen und wohl auch feierlichen Essen zu einem Zeitpunkt, als er rotweintrunken ohnehin zu einer Ablehnung nicht mehr fähig gewesen wäre, regelrecht aufschwätzen lassen. Dass nachts Sauen aus allen Ecken und Richtungen in die kleine Feldmark einfallen würden, hatte ihm der Verwalter der Prinzessin von Hessen natürlich nicht verraten, so nüchtern war der schon noch, als er Engelbert sein Angebot unterbreitete. Er verriet natürlich auch nicht, dass der Vorpächter entnervt das Handtuch geworfen hatte, weil er der Sauen nicht mehr Herr geworden war.

Mein Freund Engelbert, der zuvor noch nie ein Jagdrevier gepachtet hatte, ließ sich diese kleine Eigenjagd einfach vom Verwalter, der seine Chance als Tischnachbar damals rigoros nutzte, auf die Backe kleben, zu einem Zeitpunkt, als er gerade ein paar Wochen zuvor schon mit seinem Freund Egon Overbek im Taunus ein wunderschönes Rotwildrevier angepachtet hatte.

Diese vorschnelle und unüberlegte Zusage brachte meinen Freund gleich anfangs schon in ganz beachtliche Schwulitäten. Overbek musste gleich wieder im Taunus aussteigen, weil er die Führung von Mannesmann übernommen hatte und mein Freund verlor temporär wieder einmal seinen Führerschein. Trunkenheit am Steuer war damals noch ein Kavaliersdelikt, aber Autofahren durfte man auch damals schon mehrere Wochen nicht mehr, wenn es einen erwischt hatte. Mein Freund war daher plötzlich und unerwartet Alleinpächter zweier Reviere, die er selbst vorübergehend nicht einmal mit seinem Pkw ansteuern durfte. In dieser prekären Situation wurde ich ihm als Retter in der Not empfohlen. Ich hatte einen Führerschein, aber keine Fahrpraxis und ich hatte einen Jagdschein, aber keine Ahnung, wie man Sauen wirksam bejagt.

In Kranichstein jagte zum Glück noch ein Forstwart mit, ein sehr passionierter und erfolgreicher Saujäger, der aber nicht im Entferntesten daran dachte, mich in die Kunst der Schwarzwildbejagung einzuweihen. Erfolge meinerseits hätten ja womöglich seine Strecke verringert und das wollte er nun wirklich nicht.

Heute noch muss ich K.S. bewundern, wie er mich monatelang in Kranichstein ins Leere laufen ließ, ohne dass mir das überhaupt bewusst wurde. Ich brannte vor Passion und was mir dieser große Saujäger sagte, war für mich Gesetz.

Auf seine Empfehlungen saß ich doppelt so lange an wie er, aber bei ihm knallte es mehr als doppelt so oft. Es war zum Verzweifeln, ich brachte keine einzige Sau zur Strecke, ja ich sah lange nicht einmal ein Stück Schwarzwild, jedenfalls kein lebendiges. Gestreckte Sauen präsentierte mir K.S. des Öfteren, was meine Passion aber nur noch mehr anheizte.

Bezeichnend für meine damalige Situation war, dass ich besagte erste Sau schoss, als K.S. ein paar Tage krank war und nicht ins Revier kommen konnte. Ich bin mir heute noch fast sicher, er hätte mein erstes Waidmannsheil auf Schwarzwild verhindert, wenn er auf dem Damm gewesen wäre.

Bei meinem ewigen Abfährten fand ich damals heraus, dass Sauen ganz nahe an den Häusern Kranichsteins ins Feld gingen, dorthin, wo heute die Wohnstadt Kranichstein steht. In diesem Revierteil stand weder eine Kanzel noch eine Leiter. Dort hatte offensichtlich noch nie jemand auf Sauen gejagt. Man hatte die nächtlichen Räuber ganz einfach so nahe an den Häusern überhaupt nicht vermutet. Aber gerade solche Lücken versteht das Schwarzwild meisterhaft zu finden und voll auszunützen.

Mir waren nach einer Regennacht, als ich wieder einmal frühmorgens mit meinem Fahrrad die Teerstraße zum Schloss hinunterstrampelte, die erdigen frischen Fährten vieler Sauen aufgefallen, die die Straße, welche das Feld vom Staatswald trennte, querten. Deutlich zeichneten sich die Schalen von Sauen aller Kaliber auf der regennassen Fahrbahn ab. Ich kam lange Zeit aus dem Staunen überhaupt nicht mehr heraus. Üblicherweise berichtete ich meine Entdeckungen immer gleich K.S., der danach seine Weichen so stellte, dass ich am nächsten Abend und in der nächsten Nacht dazu „auf Scheibe“ saß.

Diesmal aber musste ich meinen Plan selbst machen, mein „Leermeister“ war ja verhindert. Fest stand für mich, dass die Sauen gegen Morgen aus den Feldern über die besagte Teerstraße in den Staatsforst eingewechselt waren. Also musste ich sie in aller Herrgottsfrühe hier abpassen. Dies bedeutete, dass ich noch mitten in der Nacht von Frankfurt nach Kranichstein radeln musste – ein Auto hatte ich als Student der ersten Semester natürlich nicht –, um dort rechtzeitig Posten zu beziehen. Aber wo? In den Straßengraben wollte und ehrlich gesagt, traute ich mich nicht. Einmal hätten mich die Sauen in Nahkampfentfernung passiert und dann war ja auch die Wahrscheinlichkeit, dass eine über die Straße trollende Sau von mir beschossen im Feuer, sprich, mitten auf der Straße liegen bleiben würde, nicht gerade überwältigend groß. Mit einer Nachsuche im Staatswald – damals selbstverständlich Feindesland – wollte ich meine Saujägerkarriere auch nicht beginnen.

Längs der dem Wald abgewandten Straßenseite hatte man vor noch nicht allzu langer Zeit Lindenbäume gesetzt, die den Weg hinunter zum Jagdschloss künftig etwas würdiger gestalten sollten. Es gab keine andere Lösung, ich musste auf eine der noch arg jungen Linden hinauf, um von dort aus mein Heil auf die von unten aus den Feldern kommenden Sauen zu versuchen. Dabei musste ich den Sauen so straßenfern wie möglich entgegenschießen. Sie sollten ja noch in unserem Revier zur Strecke kommen. Zu diesem Zwecke suchte ich mir ein „Lindchen“ aus, von dem aus ich die Längsseite eines Weizenackers, in dem sich die Sauen nachts tummelten, übersehen konnte. Neben dem Weizen waren Frühkartoffeln angebaut, deren Kraut schon lag und gelb und bräunlich dem baldigen Ende entgegenbleichte.

Die Lindenstämme waren natürlich im unteren Bereich astlos, aber dieses Manko konnte ich dadurch überbrücken, dass ich einfach mein Fahrrad an den Stamm lehnte und so geradezu bequem zum Astwerk aufsteigen konnte. Ich führte damals einen alten Drilling mit mir und irgendein Fernglas, wahrlich nicht das beste.

Überhaupt nicht bedacht hatte ich aber, dass ich auf dem Baum ja sicher sitzen musste, um gegebenenfalls einen erfolgreichen Schuss abgeben zu können. Aber so eine Position fand sich gar nicht so leicht, das Bäumchen war ja noch jung und sein Astwerk war biegsam. Irgendwie konnte ich mich aber dann zuletzt doch in einer oberen Etage festklemmen – heute würde ich so einen Klammersitz keine drei Minuten mehr aushalten – und so harrte ich der Dinge, die kommen sollten. Es war noch ziemlich dunkel, der neue Tag kündete sich erst sehr zaghaft durch das eine oder andere verschlafene Vogelgezwitscher an. Ich hatte meine Last, im Baum zu bleiben, schemenhaft sah ich die zu den

Kartoffeln hin offene Ackerseite des Weizens in der Ferne verschwimmen. Es wurde heller und heller und auf einmal war es auch schon taghell. Diese geheimnisvollen Momente, wenn die Nacht an den Tag übergibt, gehören eigentlich zum Schönsten und Faszinierendsten, was ein früh aufstehender Jäger erleben kann. Wenn ich auch heute nicht mehr so oft frühmorgens im Sommer ins Revier gehe, so lasse ich mich doch jedes Mal wieder von dieser Stunde und Stimmung überwältigen.

Meine Hoffnung, von der Linde aus auf Sauen zu Schuss zu kommen, schwand mehr und mehr, je höher die Morgensonne kletterte. Hinzu kam, dass mir längst die Beine und mein linker Arm, mit dem ich den Stamm umarmte, eingeschlafen waren, meine Position wurde schlechter und schlechter.

Auf einmal hörte ich weit draußen im Feld piepsende Laute, wie ich sie noch nie vernommen hatte. Ich wusste nicht viel damit anzufangen, aber mangels anderer Ablenkung lauschte ich gespannt, schon um herauszufinden, wer solche Laute verursachte. Die Laute kamen näher und näher und im Weizen rauschte es auch etwas. Ich hörte Zupf- oder Klopfgeräusche, mit denen ich zunächst auch nichts anfangen konnte. Heute weiß ich natürlich, dass dieses kurze knappe Rucken von den Sauen hervorgerufen wird, wenn sie Ähren von den Halmen beißen. Gerade dieses Geräusch hört man in der Morgenstille sehr weit, es ist ein sicheres Zeichen, dass Sauen beim Fraß im Felde sind.

Das Piepsen kam immer näher und plötzlich schaute doch tatsächlich das spitze lange Haupt einer Sau aus dem Weizenrand. Die Sau war vielleicht dreißig Meter entfernt und ich wäre vor Schreck und Aufregung fast vom Baum gefallen bei dieser Entdeckung.

Die Sonne war längst aufgegangen, umso dunkler und drohender ragte das Haupt dieses Stückes aus dem gelben Halmenmeer. Regelrechte Wellen von Jagdfieber beutelten mich, das ganze Bäumchen bebte und zitterte. Es war alles andere als leicht, auf dieses Stück in Anschlag zu gehen. Mit der linken Hand musste ich mich festhalten, mit der rechten stemmte ich den Drilling nach oben. Dann brachte ich auch meine Linke an den Schaft des Drillings, indem ich einfach den Baumstamm, genauer das Baumstämmchen umarmte.

Die Sau sicherte immer noch aus dem Getreide, dies, obwohl sie damals an dieser Stelle mit Sicherheit so früh morgens noch nie gestört worden war. Sauen, besonders aber Bachen, sind immer vorsichtig und wachsam, das war auch damals schon so. Heute scheinen in unseren Breiten, also im Rhein-Main-Gebiet, die Sauen noch viel vorsichtiger geworden zu sein. Mehr Jäger, bessere Gläser und modernere Büchsen haben sie dazu gezwungen. Sauen sind ja Überlebenskünstler und sie wissen eigentlich auf alles eine Antwort.

Wie ich diese Sau damals ins Fadenkreuz bekam, weiß ich heute nicht mehr, vermutlich handelte ich mehr unterbewusst. Nach dem Schuss explodierte der Acker unter mir regelrecht, es grunzte und blies, rauschte und zischte, hinter mir auf der Teerstraße klapperten Schalen, es mussten verdammt viele Sauen im Weizen gestanden haben. Ich sah aber keine einzige mehr, zur Teerstraße hin konnte ich mich ja gar nicht drehen, allein schon der Versuch einer bescheidenen Wende hätte den sicheren Absturz vom Baum zur Folge gehabt.

Später, nachdem ich mich wieder einigermaßen berappelt hatte, fand ich dann praktisch am Anschuss die Sau, die ich beschossen hatte. Da ich ja nur das Haupt gesehen hatte, saß die 9,3 x 72 auch fast im Licht des Stückes. Dieses war, wie konnte es überhaupt anders sein, natürlich eine Bache. Eigentlich war ich, der gerade sein erstes lebendes Wildschwein gestreckt hatte, doch etwas enttäuscht über die Hässlichkeit dieser Sommersau. Auf Bildern hatte ich bis dato immer dichtborstige kräftige Sauen bewundert und jetzt das. Das Stück war bretteldürr und nur noch teilborstig. Die Teller wiesen noch regelrechte Borstenfächer auf und die Federn auf dem Rücken waren auch noch vorhanden. Ansonsten wirkte die Sau regelrecht nackt. Selbstredend hatte die Sau vier langgesaugte Zitzen, aus denen aber längstens keine Milch mehr kam.

Damals war urplötzlich eine Situation eingetreten, mit der ich überhaupt nicht gerechnet hatte. Vor mir lag eine Sau, geschätzte 50 bis 60 kg schwer, wohin nun damit? Ich brach das Stück auf, so gut ich konnte, und zwar gleich an Ort und Stelle. Inzwischen war es halb acht, das Leben begann in den Häusern. Meiner Sau hielt ich noch eine halbstündige Totenwacht, während der sich schon zahlreiche Schmeißfliegen ihrer bemächtigten. Die Situation wurde ja immer brenzliger. Also kippte ich das Stück so, dass die offene Bauchhöhle nach unten zu liegen kam und dichtete die Ränder mit Weizenbüscheln ab, damit die Fliegen nicht in den Bauchraum eindringen konnten. Man glaubt ja gar nicht, wie schnell dieses grün schillernde Geschmeiß seine Eier ablegen kann. Wie diese Fliegen das schaffen, ist mir heute noch ein Rätsel. Was machen die denn, wenn ihnen kein frisch gestrecktes Stück Gelegenheit zur Ei-

ablage bietet? Fliegen sie dann tagelang mit ihrer weißen Ladung herum? Ich weiß es nicht.

Später habe ich dann meinen Drilling und das Jagdglas im Feld versteckt und bin zum nahen Bahnhof Kranichstein gelaufen. Von dort habe ich meinen Lehrprinz Otto Buss in Frankfurt angerufen. Er versprach sofort mit seinem VW Käfer zu kommen. Ich schilderte ihm genau den Tatort, das an der jungen Linde lehnende Fahrrad mochte ihn einweisen.

Eine Stunde später weckte mich dann der Helfer, ich war zu diesem Zeitpunkt völlig übermüdet einfach neben der Sau eingeschlafen. Fliegenumsummt haben wir, die Sau und ich, damals wohl ein urkomisches Bild abgegeben, von dem mein Lehrprinz lange Zeit und immer wieder in Jägerkreisen berichtete.

Heute noch, wenn ich an diesem Baum vorbeifahre, und das ist oft der Fall, will ich immer zu meiner Frau in seligem Gedenken sagen: „Das ist der Baum …", weiter komme ich nicht, denn sie vollendet etwas genervt sofort diesen Satz mit „… von dem aus du deine erste Sau geschossen hast". Wenn sie an diesem Tag genervt ist, sagt sie dann immer noch: „Ich lasse noch einmal an diesem Baum eine Tafel anbringen: Hier schoss der berühmte Saujäger Roderich Götzfried am 06. Juni 1963 sein erstes Stück Schwarzwild; damit du endlich Ruhe gibst." Was sollte ich dann schon erwidern? Jägerfrauen reagieren in manchen Situationen halt etwas eigen.

Wie schon gesagt fing meine Saujägerkarriere zu meinem Leidwesen sehr holperig an. Wenn man keinen guten Lehrherren hat, bleiben Fehler nicht aus. Engelbert ließ mich in dieser Eigenjagd schalten und walten. Die einzige Bedingung war, dass der Wildschaden gering gehalten werden musste, koste es, was es wolle.

Im Sommer des nächsten Jahres – meine Saustrecke war noch einstellig – brachte mir eine Getreidejagd auch noch den Ruf eines Bachenkillers ein, nicht zuletzt dank des eifrigen Zutuns des Forstwartes K.S., den meine bescheidenen jagdlichen Fortschritte immer nervöser machten.

Das Getreide war wieder in der Milchreife und lockte die Sauen aus dem Forst in unser Feld. Nacht für Nacht waren wir auf den Läufen, K.S. mit Erfolg, ich ohne.

Da entdeckte ich wieder einmal so eine Bejagungslücke im Revier. Im Revierteil Sorglos, der zwischen dem Jagdschloss und der Fasanerie lag, zogen an der Fasaneriemauer, die aus dem Wald kam und nach Darmstadt abbiegend das Feld begrenzte, Sauen auf das an den Wald angrenzende Roggenfeld. An der waldnahen Seite sah es im Feld schon böse, ja sehr böse aus, als ich zufällig auch einmal in diese entlegene Revierecke kam.

Wie überall in dieser kleinen Eigenjagd grenzte das Feld dort unmittelbar an den Staatsforst. Wuchtige, alte Buchen deckten mit ihren breiten Astfächern die ganze waldnahe Ackerfläche dort ab. Auch hier war, wie immer in Kranichstein, die Grenzsituation etwas verflixt, die grauen Buchenstämme waren schon feindlich, dahinter konnte ich mich nicht platzieren, aber oben im Astwerk saß ich dann wieder über unserem Grund und Boden.

Damals verlor ich nicht viel Zeit mit irgendwelchen Überlegungen und Planungen. Von beweglichen Sitzen, die man gleich ins Getreide stellen konnte, wusste ich ohnehin noch nichts. Also erstieg ich vor Einbruch der Dämmerung einen feindlichen Buchenstamm und hangelte mich im Astwerk bis zu unserer Revierfläche hinaus. Dort saß ich, wenn auch nur zwei Meter von der Grenze entfernt, dann auf der richtigen Seite. Ich erinnere mich noch genau, dass ich gleich einen sehr guten Rehbock unter mir sah, einen Bock, wie ich ihn noch nie gesehen hatte. Der wäre was für Engelbert gewesen, aber Engelbert hatte eine Beinprothese und ich konnte ihn in Sorglos nicht in Schussposition bringen. Das rettete dem Bock das Leben, ich sah ihn übrigens auf keiner späteren Trophäenschau.

Der Mond war gerade aufgegangen, da setzte drinnen unter den Buchen schon großes hektisches Getrappel ein. Sauen, und offensichtlich nicht zu wenige, waren im Anmarsch. Und dann rauschten die Rotten Welle für Welle in den Roggen hinein, es war gigantisch, ich kam aus dem Staunen überhaupt nicht mehr heraus. Leider musste ich aber bald feststellen, dass ich auf meinem Buchenast praktisch chancenlos war, keine Sau stellte sich unter mir in Schussposition. Also musste ich mich zum Stamm zurückhangeln und von dort nach unten rutschen. Besonders vorsichtig musste ich wirklich nicht sein, der Roggen brodelte regelrecht, da nahmen die Sauen, die sich in der Menge ja stark und sicher fühlen, meine Rutschgeräusche und auch letztlich meinen Absprung überhaupt nicht wahr.

Zur Waldseite hin war das Getreide fast flächendeckend platt gewalzt, ich hatte leichtes Sehen. Ehe ich mich überhaupt richtig versah, befand ich mich mitten unter den Sauen. Rings um mich herum schmatzte es, wuffte und grunzte, Frischlinge suchten quiekend nach ihren Müttern oder jagten sich übermütig über die Freiflächen in der Frucht. Angesichts des minütlich steigenden Wildschadens hegte ich finstere Rachepläne, hier durfte es keine Gnade geben, dieser borstigen Bande musste eine nachhaltige Lektion erteilt werden und dies jetzt und sofort. Heute, im reifen Saujägeralter kann ich mich in einer solchen Situation auch schon mal zu ein paar Schreckschüssen entschließen, wenn ich merke, dass waidgerechtes Schießen nicht möglich ist. Damals aber sah ich mich vor großer Beute, endlich war ich einmal nahe an Sauen. Immer, wenn es schwarz im Zielfernrohr wurde oder wenn ein strammer Frischling auf einer platt gewalzten Spielfläche erschien, riss ich Funken. Kein Wunder, dass ich bald schon die genaue Übersicht verloren hatte, zumal die Sauen, dickfellig, wie sie manchmal nun sind, nicht wichen und wankten, sondern nach kurzer Zeit einfach wieder weiterschmatzten. Zwar rauschten sie nach jedem Schuss ein paar Meter weiter ins Korn hinein, verhofften auch minutenlang mäuschenstill, aber dann setzte das Geschmatze wieder ein wie zuvor. Bei dieser meiner Attacke konnte ich auch erstmalig feststellen, wie Frischlinge auf Kommando der Bache sich völlig ruhig verhalten. Erst, wenn die erwachsenen Sauen wieder die ersten Ähren rupften, kam auch Bewegung in das kleine Gewusel. So einen steckensteif verharrenden Frischling konnte ich übrigens damals auch strecken. Erst, als mir die Munition ausging, erwachte ich aus meinem Rausch. Natürlich wieder von K.S. völlig alleingelassen musste ich jetzt mit dem fertigwerden, was ich angerichtet hatte. Es erschien mir zwecklos, hier mit meinem Dackel das Suchen anzufangen, hier stank es ja so nach Sauen, dass der Hund sofort überdreht hätte, so dachte ich jedenfalls damals. Da ich nur auf kürzeste Distanz geschossen hatte, mussten die Sauen ja alle um mich herumliegen, so dachte ich damals ebenfalls. Zwei Stücke, einen Frischling und einen Überläuferkeiler, sah ich ohnehin liegen, also galt meine Suche dem beschossenen Rest. Tatsächlich fand ich auch noch einen Frischling, einen Überläufer und eine Bache. Das war große Beute und Freude und Begeisterung übermannten mich. Auf den naheliegenden Gedanken, dass vielleicht noch mehr Sauen einen Treffer abbekommen hatten, kam ich überhaupt nicht, es lagen ja wahrlich genug. Dem war aber nicht so, einen Tag später fanden Spaziergänger drinnen im Forst im Springkraut noch zwei

Stücke, ausgerechnet zwei Bachen. Meinen Ruf als Bachentöter hatte ich damit gefestigt, der zuständige Revierförster, der im Forsthaus gegenüber dem Jagdschloss wohnte, erwiderte fortan meinen Gruß nicht mehr. Mein Freund Engelbert hielt mir aber die Stange, er honorierte so meinen Einsatz an der Wildschadenfront. K.S. verbreitete natürlich landauf und landab meine Kanonade und deren Ergebnis, was ich erst viel später erfuhr und eigentlich zunächst gar nicht glauben mochte. Diese ausgesprochene Petzerei und ein späteres merkwürdiges Nachsuchenereignis brachen ihm dann aber auch das Genick und ich konnte fortan allein in Kranichstein jagen, mit Jagdfreunden meiner Wahl. Schon wurden meine Streckenergebnisse besser und ich traf jetzt auch schon eine sorgfältigere Auswahl, auch wenn es manchmal im Getreide oder im Mais eng wurde. Ich fühlte mich jetzt allmählich sozusagen als angehender Saujäger.

Im Frühjahr nach diesem Massaker verursachten die Sauen an gleicher Stelle vor dem Waldrand in der frischen Saat wieder schlimme Wildschäden. Sie blieben auch den Landwirten nicht verborgen, da man das schwarzdunkle Gebräch von der Straße aus sehen konnte. Die Sauen suchten jetzt überall in der gerade aufgegangenen Saat die untergepflügten Bucheckern heraus. Man glaubt es kaum, welche Mühe sich Sauen dabei geben. Sie graben tiefe Trichter nach jeder einzelnen Frucht, die sie tief unten in der Erde mit ihrem phänomenalen Geruchssinn ausmachen. Legen Sie sich einmal an so einer Stelle flach auf den Boden und riechen sie das Erdreich ab. Sie riechen nur muffig-feuchte Erde, mehr ganz bestimmt nicht, aber Sie merken bei so einem Versuch dann umso deutlicher, wie hoch uns das Schwarzwild sinnenmäßig überlegen ist.

Dies bewog mich schon aus Verantwortung meinem Freund Engelbert gegenüber, schnellstens Schonzeitabschuss für ein Stück Schwarzwild zu beantragen.

Schon bald darauf fand sich eine mehrköpfige Kommission, bestehend aus dem Kreisjagdberater, meinem „Freund“, dem zuständigen Revierbeamten, und sogar dem Forstamtsleiter höchstpersönlich, zu dem mein schlechter Ruf auch schon durchgedrungen war, zur Schadensbesichtigung ein. Dass bereits erheblicher Schaden vorhanden war, konnten sogar die beiden Grünen nicht leugnen. Ich bekam daher meinen Überläufer wie beantragt frei. Männlich musste er sein, darauf legte der Forstamtsleiter, der gleichzeitig auch für den

Forst einen Schonzeitabschuss beantragte – wahrscheinlich war seine Tiefkühltruhe leer – großen Wert. Wegen meines Rufes als Bachenkiller sollte ich aber dem Revierförster den Abschuss vorzeigen, damit er – warum er? – bestätigen konnte, dass ich tatsächlich ein männliches Stück geschossen hatte.

Und es dauerte gar nicht lange, da schoss ich in tiefer Nacht einen Überläuferkeiler, der dort im keimenden Getreide seelenruhig brach. Bis ich ihn aufgebrochen hatte, war es schon weit nach Mitternacht. Sollte ich jetzt noch den Forstmann wecken? Der hätte mir die späte nächtliche Störung ganz bestimmt übel genommen. Eine Alternative wäre gewesen, dass ich tags darauf nochmals von Frankfurt nach Kranichstein gefahren wäre – immer noch mit dem Fahrrad –, um diesen Beweis zu erbringen. Es schien mir alles etwas unzumutbar und so kam ich auf eine weitaus bessere Idee, die mir allerdings diesen Förster endgültig zum Feind machte. Ich schob einfach beide Keilersteine, die schon die Größe von Gänseeiern hatten, durch den breiten Briefkastenschlitz, der in der Mitte des Hoftores der Försterei angebracht war.

Als ich am späten Vormittag des nächsten Tages beim Förster anrief und Vollzug melden wollte, hängte dieser sofort wieder ein. Vielen Förstern fehlte damals einfach der Humor gegenüber Privatjägern.

Es fehlte damals aber nicht nur der Humor, man verweigerte schlicht und einfach jegliches Zusammenwirken.

Als ich im Oktober in den Frühstunden einen Überläufer krankschoss, musste ich eine Nachsuche im Staatsforst anmelden. Der dumpfe Kugelschlag ließ auf einen Waidwundschuss schließen, die Sau war aber weg, und zwar über die Grenze in den Staatsforst hinein. Schlechte Gefühle kamen in mir auf, wurde mir doch die Bitte um eine Nachsuche ausgesprochen schwer gemacht.

Damals suchten der Förster und ein Berufsjäger vom Landesjagdverband nach. Ich konnte leider nicht zugegen sein.

Telefonisch erfuhr ich nachmittags auf Nachfrage, man habe das Stück nicht gefunden. Dieses Ergebnis mochte ich einfach nicht hinnehmen, für mich stand der Waidwundschuss fest und den konnte die Sau nicht ausheilen.

Also strampelte ich nachmittags mit meinem Dackel Riff im Rucksack ins Revier hinüber.

Am Einwechsel in den Staatsforst baumelte ein weißer Zettel auf dem stand: „Nur wenig Tropfschweiß, Nachsuche abgebrochen."

Mein Riff war von Anfang an anderer Meinung, er legte sich stramm in den Schweißriemen. Ich folgte der Wundfährte natürlich ohne Waffe. Zunächst war die kranke Sau auf ihrem Anwechsel in den Wald hineingezogen. Wenn ein krankes Wild noch Wechsel benutzt, gibt es meist längere Nachsuchen, darauf kann man sich einstellen. Geschossenes Wild, das blindlings mit viel Getöse einfach in den Wald hineindonnert, kommt nicht weit. Nach etwa fünfhundert Metern war die Sau nach rechts abgebogen und hatte die Bahnlinie Darmstadt-Aschaffenburg überquert. Diese viel befahrene Bahnstrecke machte stets und ständig allen Hundeführern große Sorgen. Um Hunde, die überjagt hatten, bangte man immer, bis sie endlich wieder auftauchten und die Bahnstrecke glücklich überquert hatten.

Mit Riff an der langen Leine war diesmal die Gleisstrecke kein Problem. Das kranke Stück hatte sich fast unmittelbar nach dem Schotterbett kurz ins Wundbett gesetzt, ich wusste, dass ich richtig mit meinem Dackel lag. Von wegen: „Nur wenig Tropfschweiß!“ Der Hund zog mich weiter unbeirrt durch einen Eichenhochwald. In der sich anschließenden Eichenaufforstung sah ich zwischen den oberarmdicken Stämmen schon von Weitem die Sau stehen. Sie stand auf einem kleinen Wall und erwartete uns schon. Sogar eine Darmschlinge sah ich schon von Weitem vor der Keule aus dem Bauch quellen. Leider schenkte ich dieser Darmschlinge und der Sau mehr Aufmerksamkeit als meinem Dackel. Der hatte natürlich auch das Objekt seiner Begierde längst entdeckt, ruckte und zog an der Leine, da er natürlich geschnallt werden wollte, bis er plötzlich frei kam. Schon umtanzte er das waidwunde Stück, das aber zu keiner Abflucht mehr imstande war.

Was war nun zu tun? Ich kannte meinen Riff ganz genau, er würde nie und nimmer von diesem Stück lassen, dem er nun schon fast einen Kilometer lang am Schweißriemen gefolgt war. Der Dackel verbellte, wenn auch aus einer gewissen Sicherheitsdistanz heraus, eisern und unermüdlich, wenn es sein musste, wirklich stundenlang. Er wäre auch an der toten Sau geblieben.

Mein jetziger Dackel, Filou, hätte die totwunde Sau nicht so in Ruhe gelassen. Ich konnte mich, ohne mir Gewissensbisse machen zu müssen, auf den Weg zu meinem „Försterfreund“ machen, der im Forsthaus am Jagdschloss residierte.

Die Landstraße war nicht weit, ich konnte schon vorbeifahrende Autos vom Stellplatz aus hören.

Auf der Straße angekommen hielt ich ein Auto an, das Richtung Darmstadt und mithin am Forsthaus vorbeifuhr. Dem etwas zögernden Fahrer sagte ich, es läge ein Notfall vor, er möge mich bitte bis zum Schloss mitnehmen. Weil er immer noch zögerte, machte ich ihn auf das dumpfe Verbellen meines Hundes, das man bis zur Straße hören konnte, aufmerksam. Im Forsthaus angekommen, brachte ich meine Beichte schnell hinter mich. Dabei verbog ich vorsorglich die Wahrheit etwas, indem ich sagte, mein Hund sei mir schon am Einwechsel, als ich die Botschaft auf dem weißen Zettel las, auf der Krankfährte entwischt.

Der von meinem Besuch alles andere als erbaute Forstmann beschied mich dahingehend, dass er jetzt keine Zeit hätte, er müsste seine Kinder in der Stadt abholen. Frühestens in einer Stunde sei er wieder zurück.

Also wartete ich eine Stunde vor dem Forsthaus und als meine Stimmung am absoluten Tiefpunkt angekommen war, kam der Förster zurück. Während der Fahrt herrschte absolute Funkstille. Glücklicherweise konnte der Forstmann das Auto an einem Waldparkplatz abstellen. Schon kurz nach dem Aussteigen hörten wir meinen stellenden Hund. Mir fiel ein Stein vom Herzen, obwohl ich eigentlich gar nichts anderes erwartet hatte.

Wir gingen dem Laut entgegen und bald sah auch der Förster das Stück mit dem „wenigen Tropfschweiß". Nach seinem Fangschuss kullerte die Sau den kleinen Damm herunter, auf dem sie gestanden hatte. Ein Überläufer von etwa 40 kg lag vor uns, er hatte wie vermutet, einen weichen Schuss. Dass er so lange ausgehalten hatte, war doch erstaunlich, aber auch wiederum nicht ganz außergewöhnlich.

Vor ein paar Jahren schoss mein Sohn im Getreide pirschend auf eine Sau. Am Anschuss fanden wir später nur ganz wenig Schweißspritzer, im Taschenlampenlicht übersieht man ja mehr, als man findet. Wir setzten den Dackel Joschi an, er zog über eine etwa zweihundert Meter breite Wiese zum Staat hinüber. Vorher verwies er am Ackerrand noch ein fast ein Meter langes Darmstück der Sau. Da auch dieses Stück in den Staat eingewechselt war – unser nachbarschaftliches Verhältnis hatte sich zwischenzeitlich zur beidseitigen Zufriedenheit eingependelt –, musste auch hier eine Nachsuche angemeldet werden. Diese wurde am nächsten Morgen mit einer Hannoveraner Schweißhündin durchgeführt. Mein Sohn durfte mit seiner Waffe im Abstand folgen.

Es war schon fast Mittag, als man an das Stück kam. Dieses war zwar nicht zu sehen, es hatte sich in eine dreißig Meter breite Brombeerburg eingeschoben. Aber der Hund signalisierte deutlich Feindberührung. Der Schweißhundführer untersagte verständlicherweise meinem Sohn, der vor der Burg wartete, jegliches Eingreifen. Es kam, wie es halt so kommen musste, Hund und Führer kämpften sich in die Burg hinein, die kranke Sau verließ ihre Festung und zog ganz langsam, eben schwer krank, an meinem Sohn vorbei. Ein Fangschuss wäre eine Leichtigkeit gewesen. Das Stück zog um den stacheligen Verhau herum und da es nicht in den lichten weiten Hochwald hinaus wollte, schob es sich an alter Stelle wieder ein. Jetzt wurde der Hund geschnallt und kurz darauf schlug ihn die Sau so heftig, dass später Tierarztkosten von über 1.000,00 DM entstanden. Der Hund wurde natürlich sofort zum Tierarzt gebracht und die Sau kam erstaunlicherweise nie zur Strecke. So hart und zäh können waidwund geschossene Sauen sein.

Nun aber zurück zu unserem Kampfplatz neben der Kranichsteiner Straße. Die Sau lag, vom Förster kam kein Ton. Wenigstens den Hund hätte er doch loben können!

Er stand eine Zeit lang etwas würgend herum und sagte dann ganze zwei Worte: „Was jezz?"

Diese Worte hellten mein Stimmungstief auch nicht gerade auf, deshalb halste ich meinen Hund an und sagte: „Jetzt gehen wir zurück in unser Revier", und weg waren wir.

Leider war das Verhältnis zwischen Grün und Grau damals oft so. Etwas verschämt wurde darüber nur nie so richtig berichtet, aber es gab landauf, landab schon schlimme Jahre. Glücklicherweise hat sich viel gebessert, nicht zuletzt wohl deshalb, weil die Jagd in den Verwaltungsjagden heute einen anderen Stellenwert eingenommen hat. Viele Abschüsse werden verkauft und im Herbst und Winter müssen die einzelnen Forstämter Verkaufsjagden abhalten. Dagegen ist überhaupt nichts einzuwenden. Auf die einzelnen Forstbeamten fallen nicht mehr so viele Abschüsse und deshalb ist es vielen Beamten offenbar egal, ob zahlende Gäste, die oft auch noch geführt werden müssen, oder Nachbarn sich am Abschuss beteiligen. Man kann jetzt sagen, dass vielerorts Ruhe und Frieden eingekehrt ist, und das ist auch gut so.

An einem sehr schwülen Sommertag, K.S. jagte damals noch mit mir in Kranichstein, hatten wir eine Nachsuche in den Staatsforst hinein. Alle unsere Nachsuchen fanden immer im Staatsforst statt, da jedes beschossene Stück Wild immer vom offenen Feld in diesen schützenden Wald hineinflüchtete. Die lästige Anmelderei und die dann prompt vorwurfsvollen Blicke der Förster ärgern mich noch heute. Es waren ja nicht allzu viele Nachsuchen, aber schon bei zwanzig bis dreißig Sauen im Jahr kommen im Laufe der Zeit doch einige zusammen.

Bei der besagten Nachsuche brachte K.S. seine Weimaraner Hündin mit, einen wahren Teufel von Hund. Er ist auch ein Grund dafür, dass ich heute noch die großen Grauen mit den Bernsteinaugen nicht mag. Ein anderer Weimaraner Rüde gab dann für meine Einstellung vollends den Ausschlag. Ich erlaubte vor einigen Jahren die Durchführung einer Frühjahrssuche für Vorstehhunde in meinem Revier. Unter den vierläufigen Kandidaten befand sich auch ein kräftiger Weimaraner Rüde. Diesen ließ man gerade draußen im Feld suchen, als ich mit meinem Dackel an der Leine zur Beobachtergruppe stieß. Der Hund sah meinen Dackel, ließ sofort Suche Suche sein, stürzte sich auf den angeleinten Hund und verletzte ihn schwer. Dieses Verhalten des Rüden gab, wie mir der Halter zwei Tage später am Telefon sagte, den Ausschlag dafür, dass er keine weiteren Suchen mehr machen brauchte.

Doch nun zurück zur besagten Nachsuche. Interessantes fanden wir schon am Anschuss. Dort lag ein zerfetztes Knäuel Regenwürmer, das ließ darauf schließen, dass die Sau, die sich in der Nacht mit Eiweiß verproviantisiert hatte, mit Sicherheit einen Pansenschuss hatte. Ihr Pansen war auch, wie sich später herausstellte, prallvoll mit lauter Regenwürmern. Wir hatten bei dieser Suche schon mehr als tausend Meter hinter uns gebracht und brauchten eine Pause. Auch der Hund hechelte stark. Da die Wundfährte gerade einen mit Rädern viel befahrenen Waldweg kreuzte, setzten wir uns kurzerhand in den schattigen Weggraben. K.S. hatte seine Bestie vorher noch an einem nahen Wasserloch trinken lassen. Unten, vom Grabenboden aus, beobachteten wir halb hockend, halb liegend, aus der Dackelperspektive die vorbeifahrenden Radler. Unter ihnen war auch ein Opa mit seinem Enkelchen. Dieses kleine Mädchen strampelte etwa zehn Meter hinter dem Opa her. Als es auf unserer Höhe war, sprang die Weimaraner Hündin blitzschnell hoch und holte das

Kind vom Fahrrad. Alles ging so schnell, dass wir alle, auch K.S., der sonst für alles eine schnelle Lösung wusste, nicht reagieren konnten. Der scharfe Hund war zwar am Schweißriemen, dieser lag aber unaufgedockt in seiner ganzen Länge im Graben, sodass der Hund freie Sprungbahn hatte. Große, durchaus auch verständliche Aufregung beim Kind und vor allem beim Opa folgte. Zum Glück war das Kind nicht gebissen worden, aber der Hund hatte es immerhin mit seinem mächtigen Sprung vom Fahrrad geholt. Es hockte nun auf dem Weg und heulte.

Was der Hund sich dabei dachte und wie er die plötzliche Attacke überhaupt ritt, vermochte niemand von uns nachher zu sagen. Gott sei Dank hatte er das Kind dabei wie gesagt nicht gebissen, das hätte aber auch gerade noch gefehlt.

Ich wäre am liebsten im Graben weggekrochen, so schämte ich mich als Jäger. Der aufgebrachte Opa schrie K.S., den er als Hundeführer ausgemacht hatte, an: „Wer seid Ihr denn, wo kommt Ihr überhaupt her?"

„Ich bin der K.S.", sagte der Suchhundführer.

„Was für K.S., ich kenn mehrere dadavon", schrie der Opa.

„Ei der Hebamm S. ihrn Sohn", erläuterte K.S. Jetzt wurde der Opa erst richtig wild:

„Was, des a no!", schrie er, half seinem Enkeltöchterchen auf und dampfte ab. Gerade dieser letzte Satz gab mir doch sehr zu denken.

Der gleiche Forstwart, der die Waidgerechtigkeit in Person sein wollte und der mir einen Fehlschuss jeweils wochenlang vorhielt, schoss mir bei einer Hühnerjagd in Kranichstein – dort wo jetzt die Hochhäuser stehen, gab es noch reichlich Hühner – eine ganze Breitseite Hühnerschrot auf meine Knielederhose. Ein Huhn war zwischen uns aufgestanden und strich mir entgegen. K.S. ging in Anschlag, ich sah in die drohenden Läufe seiner Doppelflinte und dann knallte es auch schon und die Schrote prasselten auf meine Lederhose. Mein Freund Engelbert jagte mit und wurde Zeuge dieses Schusses. K.S. aber reagierte wie immer erstaunlich schnell, offensichtlich wollte er seine Scham gegenüber dem Jagdpächter vertuschen. Deshalb rief er einfach zu mir herüber: „Leit des Huhn?"

Dieses Revier lag wie gesagt am Stadtrand von Darmstadt, war daher Tag und Nacht überlaufen, was meine Begeisterung aber damals überhaupt nicht trübte. Ich hatte freies Jagen, was wollte ich mehr!

Eines Morgens im August fährtete ich wie so oft gründlich ab, damit ich wusste, wo ich mich abends hinsetzen konnte. Die schon erwähnte Fasaneriemauer säumte ein großes, für die damaligen Verhältnisse fast riesiges Feld, das schon wieder umgepflügt und geeggt war. Schon von Weitem sah ich, dass eine regelrechte Fährtenbahn über dieses Feld zum Fasanerieeingangstor hinführte. Wahrscheinlich waren die Sauen durch dieses Tor wieder in den Wald zurückgewechselt. Ich ging zum Tor hinauf, wobei die Bezeichnung Tor eigentlich nicht ganz passte, da Torflügel nicht mehr vorhanden waren. Jetzt klaffte dort nur noch eine Lücke in der Mauer. Diesen offenen Eingang untersuchte ich jetzt sehr sorgfältig. Zu meiner Verwunderung waren dort die Sauen nicht eingewechselt. Rechts vom Tor war nur noch ein kleines, spitzeckiges Maisfeldchen, wenn es hoch kommt, einen Morgen groß. Zur Stadtseite hin endete dieser Acker dort, wo die Landstraße die Fasaneriemauer traf. Hätten die Sauen an diesem spitzen Ende den Mais verlassen, wären sie unweigerlich nach Darmstadt hineingelaufen. Das konnte nicht sein. Sollte das Schwarzwild tatsächlich noch in diesem Minimais stecken?

Am breiten Ende des Maisdreiecks säumte eine kleine Kastanienallee, die zum Fasanerieeingang hinaufführte, den Acker. Und unter diesen Bäumen polierte ein Frühaufsteher schon sein Auto. Etliche verschiedene Tinkturen hatte er um sein Fahrzeug herum aufgebaut, es roch nach Garage und Werkstatt. Ich beachtete diesen Mann nicht weiter und drang vorsichtig in den Mais ein. Der Mann war so beschäftigt mit seinem Allerliebsten, dass er gar nicht bemerkte, wie ich ihn passierte. Schon auf den ersten Metern sah ich, dass die Borstigen dort gründlich getafelt hatten. Das Stangenmeer im Inneren wies große Lücken auf, Inseln der Verwüstung. Aber ganz typisch, von außen waren diese Schadensplätze überhaupt nicht zu sehen gewesen. Schlau wie Sauen nun einmal sind, und zwar schon von Geburt an, lassen sie die Ackerränder stets heil, das sind dann ihre Schutzvorhänge. Dahinter sind sie nicht so zimperlich, da reißen sie alles kurz und klein zusammen. Solche Schadensflächen im Mais schauen schlimm aus, zu Boden gerissene große Halme und halb angefressene Kolben liegen allenthalben herum. Besonders die Tatsache, dass die Sauen Maiskolben nur anbeißen, nicht aber gleich ganz auffressen, ärgerte mich immer schon ganz besonders. Was soll das, warum machen sie das? Sauen gehen doch sonst so klug vor. Ich kann mir das nur so erklären, dass die Tiere in einen wahren Fressrausch geraten, wenn ihnen aus den angebissenen Kolben die saftige süße Maismilch entgegenspritzt. Dieses wüste Schwelgen im Überfluss muss es ihnen angetan haben, anders ist ihre geradezu irrsinnige Verwüstung und auch Verschwendung einfach nicht zu erklären.

Diese Unart vererbt sich bei ihnen, alle Sauen sind von klein auf bestrebt, möglichst viel Schaden in einer Nacht zu machen. Dabei verlieren besonders jüngere Stücke am ehesten jegliche Kontrolle. Sie ziehen im ganzen Inneren eines Maisschlages herum auf der Suche nach immer noch besseren saftigeren schmackhaften Kolben. Sie können dieses Fraßangebot überhaupt nicht fassen und feiern dort laute, übermütige Fressorgien. Ältere Stücke benehmen sich nicht so, sie suchen im Inneren eines Maisschlages immer unter Wind ein sicheres Plätzchen und mahlzeiten dort gezielt und gründlich. Sie wollen sich offensichtlich auch nicht gleich dem Jäger, den sie natürlich kennen, weil sie dessen Spuren schon unzählige Male zur Unzeit, also des Nächtens oder ganz früh am Morgen gekreuzt haben, verraten. Deshalb fressen sie auch meist tief drinnen im Mais, die Jugend kann es gar nicht erwarten, Mais beißen zu dürfen. Ihr Toben beginnt immer gleich hinter dem besagten Schamvorhang am Rande und zieht sich wahllos durch den ganzen Schlag.

Wer feststellen will oder muss, ob Sauen in Feldern zu Schaden gehen, darf sich keinesfalls mit einem oberflächlichen Umrunden der Schläge begnügen. Er muss in diese eindringen nach einem genauen Plan, bewährt haben sich immer zwei Diagonalkontrollgänge. Ihnen bleibt dann kaum etwas verborgen, danach weiß man sehr schnell, ob die Wildschadenskasse in der vorangegangenen Nacht, oder schlimmer, wenn nicht regelmäßig abgefährtet wird, in den letzten Tagen geklingelt hat.

In den heute immer größer werdenden Getreideschlägen bieten sich die breiten Traktorspuren zum Durchgehen an. Sauen, ganz besonders der Nachwuchs, lieben es, in diesen Spuren zu ziehen. Die Frischlinge finden dort auf dem Boden Ähren, die schon Wochen vorher von den breiten Traktorreifen niedergewalzt, aber nicht völlig zerstört wurden. Die Ähren wachsen auch noch an den liegenden Halmen weiter. Der Schaden, den die breiten Traktorenreifen in den Feldern verursachen, dürfte in vielen Fällen die späteren

Fraßschäden des Schwarzwildes noch übertreffen. Das gibt schon Schäden, die auf diese Weise in einem großen Schlag zusammenkommen.

Aber zurück zur Fasaneriemauer und zurück zu dem kleinen dreieckigen Maisfeld am Stadtrand von Darmstadt. Schon nach ein paar vorsichtigen Schritten in den Mais hinein sah ich, was dort in der Nacht passiert war. Hier hatten sich Sauen wieder einmal nicht nur satt gefressen, hier hatten sie regelrecht gehaust und das so nahe an der Straße. Bei Milchmais riskieren diese Tiere bedenkenlos Kopf und Kragen, beim üppigen Schmausen verlieren sie auch oft noch die Kontrolle über Ort und Zeit.

Hier lag offensichtlich so ein Fall vor, die Sonne stand schon hoch, der Tag war bereits im vollen Gange und die Bagage hielt sich immer noch in dem Mais auf. In mir kam fast schon so etwas wie Wut auf, ich ärgerte mich dabei für den Pächter, der wahrscheinlich ahnungslos noch in Frankfurt schlief. Auf den Knien kroch ich vorsichtig durch den Mais. So konnte ich schon einmal zwanzig bis dreißig Meter durch die Reihen schauen. Es dauerte gar nicht lange, da lugte zehn Meter vor mir schon ein dreistes, neugieriges, spitzes Frischlingsgesicht in meine Reihe, geradeso als wollte die Sau nachschauen, wer da noch mitfeiern wollte. „Na warte Bürschchen", knirschte ich und schon lag das Stück schlegelnd zwischen den Pflanzen.

Unter den Stängeln herrschte Ruhe, kein Wegbrechen, kein Blasen, kein tiefes Grunzen, es war einfach mucksmäuschenstill.

Wo eine Sau ist, noch dazu ein Frischling, da sind noch mehr, dachte ich mir damals und dies völlig zu Recht. Ich kroch daher weiter, wechselte dabei mehrfach vorsichtig die Reihen. Bald stand schon wieder ein Stück vor mir, diesmal spitz. Wir schauten uns etwas verdutzt an, dann verschwand der Kujel in der nächsten Reihe. Ich schob mich vorsichtig im Anschlag quer in die nächste Reihe hinein und schon hatte ich das Stück wieder vor. Diesmal reichte es zu einem Schuss im Liegen. Auch dieses Stück lag im Feuer. Jetzt wurde mir allmählich klar, dass sich da eine Frischlingsrotte im Mais verspätet hatte. Hinzu kam wohl, dass ihr der frühe Autopolierer den Rückwechsel regelrecht verlegt hatte. Mit seinen Tinkturen hatte er einen chemischen Duftvorhang vor den Mais gezogen, den die Sauen nicht zu durchbrechen wagten. Sie waren so in dem kleinen Maisdreieck regelrecht gefangen.

Kurze Zeit später kniete ich vor einer frisch geschaffenen Freifläche im Mais. Ich mochte es kaum glauben, aber da erschien dort doch tatsächlich wieder ein Frosch, er machte einen sichtlich verstörten Eindruck. Rrummms lag auch dieses Stück im Feuer.

Jetzt musste ich bedauernd feststellen, dass ich nur noch eine Patrone hatte. Wie viele Sauen mochten noch in diesem Mais stecken? Der Einwechselfährte nach war es ein ganzer Schwung. Ich war damals nicht Winnetou, konnte die genaue Zahl der Stücke an den einzelnen Schalenrinden nicht ablesen, aber dass mehr als drei Sauen eingewechselt sein mussten, sah auch ich damals. Also kroch ich weiter im Mais herum. Das gleiche Bild, wieder lugte ein Spitzbubengesicht in meine Reihe und meine letzte Kugel verließ den Lauf. Uff, das war aber eine aufregende Jagd, zumindest für mich, der ich mich immer noch im Lernstadium der Schwarzwildbejagung befand.

Zuerst musste ich erst einmal aus dem Mais heraus, ich musste meinen Drilling und mein Glas ablegen. Ich brauchte ja meine beiden Hände zum Bergen, nicht zu wenig Arbeit harrte meiner. Ich buckelte zurück und kam beim Autopolierer aus dem Mais. „Was schieße Se dann als?“, fragte mich dieser neugierig und halb entrüstet.

„Saue“, sagte ich lachend, „der ganze Acker is voller Wuzze!“

Der Mann stellte die Politur ein und fixierte mich genauer. Hatte er vielleicht einen Verrückten vor sich?

Ich legte den Drilling und das Fernglas ab und schlüpfte in den Mais zurück. Kurz darauf erschien ich wieder und zog den ersten Frischling hinter mir her. Er mochte so um die zwanzig Kilo wiegen, das üppige Sommerfraßangebot in unserem Revier hatte ihn schnell zu Gewicht kommen lassen.

Der Autofreak war bass erstaunt, er verstand seine Umgebung nicht mehr, umso weniger, als ich nach und nach noch drei Sauen zu ihm hinzog. „Haste da noch Töne“, sagte er ein ums andere Mal. „Man möcht's net glawe!“

Verständlich war die Reaktion dieses Mannes schon. Er fuhr im allerersten Morgenlicht sein geliebtes Auto zur Fasanerieeinfahrt hinauf, um unter den Kastanien bei herrlich frischer Morgenluft sein Fahrzeug zu verschönern. Ihn interessierte die friedvolle Umgebung überhaupt nicht, sein einziges Ziel war es, sich mit seinen breiten roten Hosenträgern nach getaner Arbeit in den glänzenden Kotflügeln seines Fahrzeugs spiegeln zu sehen. So sahen eben Glück und

Zufriedenheit nach seinem Gusto aus. Glück ist eben sehr facettenreich und individuell. Ich war überglücklich mit meinen vier Sauen, die ich aufbrach und die ich später mit einer geliehenen Schubkarre zum Jagdschloss transportierte.

Leider begann damals schon die Bebauung der Feldfläche. Die Eigentümerin dieser Jagd, die Prinzessin von Hessen, hatte verkauft und auf der zauberhaft schönen, ruhigen und erholsamen Feldmark entstand der Wohnpark Kranichstein. Hässliche Hochhäuser wurden in kürzester Zeit hochgezogen, Minibungalows wuchsen zwischen der Landstraße und dem Wald aus dem Boden, uns wurde die Jagdfläche entzogen, die Sauen verloren ihre üppigen Felder, es war zum Heulen. Zwar zog das Schwarzwild zunächst noch eine Zeit lang auf der Riesenbaustelle herum – ich schoss beispielsweise einen Überläufer, als ein paar Häuser weiter, so gegen Mitternacht, das Treppenhauslicht aufleuchtete, aber eine beglückende erholsame Jagd war das alles nicht mehr.

Kranke Sauen, die sich auf dem Weg der Genesung befinden, meiden oft altbekannte Sippentreffpunkte. Sie ziehen sich zurück und weichen oft in Kleinsteinstände aus, um sich ungestört auskurieren zu können. Dabei zögern diese Kranken nicht, sich unmittelbar hinter den letzten Häusern einer Ortschaft einzuschieben. Diese Sauen bewegen sich wenig und ruhen viel, oft schon weil sie noch Schmerzen haben. Was sie brauchen, ist ein dichter, ungestörter Einstand und eine Suhle mit Wasser in der Nähe. Bauerwartungsland kommt oft den Vorstellungen dieser Tiere sehr entgegen. Dort vernachlässigen die Eigentümer die Pflege ihrer Grundstücke, sie verwuchern und bald schon bemächtigen sich Brombeeren, woher sie auch immer kommen mögen, dieser Flächen. Ehemalige Streuobstwiesen verwandeln sich in kürzester Zeit in unbegehbare Sperrzonen. Nur Sauen, Kaninchen und Füchse finden dann dort noch Einlass, auch Fasane und andere Vögel finden auf einmal dort die Plätze, von denen sie schon lange träumten.

Dem besagten Revier schloss sich an die letzten Häuser hinter dem Bahnhof eine Ziegelei an. Im Laufe der Zeit entstand dort eine tiefe Lehmgrube, Wasser dümpelte selbst in der heißesten Jahreszeit unten auf dem Grubenboden. Oben zogen sich lange Gestelle, die man zum Trocknen der Ziegel errichtet hatte, entlang. Ein Kleinbauer, der nebenan ein paar Reihen Kartoffeln angelegt hatte, sprach mich eines Tages an und sagte: „Sie misse emol an de Ziechelei uffbasse, da misse Wuzze seu, mei Krumbern wern als weniger."

Umgehend war ich vor Ort. Tatsächlich hatte dort eine Sau die wenigen Balken schon arg durcheinandergebracht. Mir blieb regelrecht die Spucke weg. Das Stück musste aus der Grube kommen, dort unten im Schilf und in den Brombeeren konnte es tagsüber niemand stören. Bequemer konnte es diese Sau überhaupt nicht haben, unmittelbar am Eingang zu ihrem Tageseinstand luden ja schon die Kartoffeln zum nächtlichen Schmausen. Wie konnte ich diesem Stück beikommen? Ein Sitzstockansitz verbot sich von vornherein, die üppige Vegetation nahm mir jegliche Sicht auf den kleinen Kartoffelschlag. Auch für eine schnell zusammengezimmerte Notleiter war kein Platz, abgesehen davon, dass mir die Fähigkeit, so ein Sitzchen mit ein paar Stängelchen und Nägeln zurechtzuzimmern, völlig fehlte.

Den traurigen Beweis, der mich fast meine Zunge gekostet hätte, lieferte ich nur ein paar Wochen zuvor. Sauen wechselten damals über eine weite Wiesenkoppel zum Getreide hin, weit und breit hatten wir aber weder eine Kanzel noch eine Leiter stehen. Not macht erfinderisch, mit meinem Jagdfreund Bernd beschloss ich, eine freistehende Leiter in diese Koppel zu stellen. Die Leiter mit Sitz, die wir so nie hingekriegt hätten, mussten wir von einem Apfelbaum wegnehmen. Für den freien Koppelplatz fehlten nur zwei Rückstützen. Diese hatten wir uns schnell im Wald besorgt und schon ging es ans Aufstellen des Leiterchens an der vielversprechenden Stelle in der Wiese. Unerfahren, wie wir beide waren, verbanden wir die beiden als Stütze vorgesehenen Stangen nicht einfach mit einem Querholz, das wir dann leicht unter den Sitz hätten schieben können. Da die Zeit drängte, wollten wir die Stangen einfach einzeln unter die Sitzfläche nageln. Mit einigen artistischen Einlagen brachten wir die Leiter provisorisch zum Stehen, jetzt mussten die Stangen nur noch oben angenagelt werden. Ich hielt dabei die linke Stange, balancierte so über mir das Sitzchen. Die rechte Stange hatte mein Jagdfreund untergestellt, er suchte Hammer und Nägel zusammen. Ich freute mich schon auf die Einweihung der Leiter und achtete nicht mehr weiter darauf, was über mir geschah. Das war ein gewaltiger Fehler. Ohne, dass ich es wollte, gab ich meiner Stange etwas mehr Druck, sie hob dadurch den Sitz etwas an. So wurde die rechte Stütze frei und sauste nach unten. Ich erhielt plötzlich und völlig unerwartet einen gewaltigen Schlag auf den Kopf, wenn ich gerade gesprochen hätte, hätte ich mir mit Sicherheit die Zunge abgebissen. Man hört und liest oft, dass man bei so einem Schlag auf den Kopf Funken und Sterne sieht, ich habe beides gesehen! Warum es ausgerechnet Sterne sind, kann ich mir nicht erklären, vielleicht winkt schon einmal das Sternenfirmament herunter als letzte Warnung sozusagen. Nur mit meinem Fußballerschädel konnte ich diesen Schlag ohne weitere Probleme verkraften.

Der kleine Unfall bewog mich aber dazu, künftig nie mehr ohne die Hilfe eines Könners, eines Kanzel- und Leiterbauspezialisten, solche Einrichtungen zu fertigen. Meist begnüge ich mich dabei mit der Rolle eines Handlangers. Viel lieber noch kümmere ich mich bei solchen Arbeiten aber um die Brotzeit und um die Getränke. Wenn ich dann mit dieser Ware zurückkomme, kann ich mich immer wieder über den zwischenzeitlichen Baufortschritt erfreuen.

Doch nun zurück zum Ziegeleigelände.

Ich besah mir den Tatort von allen Seiten und mein Blick fiel immer wieder auf die etwa 2,50 Meter hohen Trockengestelle. Wenn es mir gelang, so ein Gestell zu erklimmen, konnte ich mir auf dem Ziegeldach liegend wenigstens etwas Übersicht verschaffen. Nun waren die Gestelle ja nicht zum Ersteigen geschaffen, sondern nur zum Austrocknen der Ziegel. Dies war die Krux, aber wo ein Wille, da ein Weg.

Das Trockengestell wackelte ganz bedenklich hin und her, als ich es bestieg, die dürren trockenen Latten ächzten, aber es gelang mir schließlich doch, mich vorsichtig auf das Dach zu schieben. Dort oben waren dann aber weitere Bewegungen nicht mehr ratsam. Alle Latten knarrten empört und die Ziegel schepperten und klimperten, wenn ich auch nur ganz geringfügig mein Gewicht etwas verlagerte, aber ich durfte oben bleiben.

Es war noch ein früher Juliabend und mich plagte die bange Vermutung, wie lange ich in meiner extrem ungemütlichen Lage dort wohl ausharren musste.

In der nahen Ziegelei wurde noch gewerkelt, Kinderstimmen waren zu hören und ab und an bellte ein Hund. Waren die Saufährten überhaupt echt? In mir keimte Zweifel auf, ich kannte ja damals noch nicht die Dickfälligkeit und Sturheit der Sauen.

Meine Zweifel wurden aber schneller, als ich es mir überhaupt vorstellen konnte, behoben. Schon kurz nach zwanzig Uhr erschien eine rötliche Sau vorne in den Kartoffeln – ich hatte sie nicht kommen hören – und begann sofort mit dem Ausgraben der Früchte. Die Tatsache, dass dieses Stück überhaupt nicht sicherte, zeigte, dass es schon längst Vertrauen zu diesem Platz gefasst hatte. Die Stelle war weder vom fernen Weg noch von der Ziegelei aus einzusehen, das hungrige Stück musste nicht erst auf das Schwinden des Büchsenlichtes warten, es konnte zur normalen abendlichen Essenszeit seinen Schmaus beginnen.

Viel Anstrengung kostete es mich, meinen Drilling auf die Sau in Anschlag zu bringen. Einmal hatte ich auf dem schmalen Dach keinen ausreichenden Platz, zum anderen knarrte wie gesagt das ganze Gestänge schon bei der geringsten Gewichtsverlagerung. In solchen Fällen hilft nur eiserne Geduld und große Vorsicht, immerhin stand die Sau keine fünfzig Gänge vor mir im Gebräch.

Irgendwann war ich im richtigen Anschlag, irgendwann stellt sich das eifrig schmausende Stück breit und irgendwann donnerte mein Schuss über das Feld. Die Wirkung war gewaltig, so hatte ich sie nun wirklich nicht erwartet. Die Sau klappte zusammen, gleiches galt aber auch für mein Trockengestell, das meine letzten Bewegungen, vor allem das Hochstemmen nach dem Schuss um dessen Wirkung besser verfolgen zu können, einfach nicht mehr aushielt, vielleicht auch nicht mehr aushalten wollte. Halb fiel, halb kippte das Gestell, halb brach es einfach in sich zusammen und ich befand mich ruckzuck zwischen Ziegeln und Dachlatten auf dem Boden liegend wieder. Der Schreck war groß und ich bewegte erst vorsichtig meine Glieder, sie funktionierten noch alle. Über mir hing eine rote Staubwolke, nach meinem Drilling und meinem Fernglas konnte ich nur tasten, aber alles schien in Ordnung zu sein.

In der nahen Ziegelei schlug der Hund Alarm, sonst war es totenstill. Wenn mir hier wirklich etwas Ernstes passiert wäre, hätte mich niemand gefunden. Handys gab es damals noch nicht.

Wie dem auch sei, meine Sau lag und ich strebte zu ihr. Vor mir lag ein Überläuferkeiler, er hatte sich über und über mit rotem Lehm eingesuhlt. Oben am Widerrist hatte er eine tiefe Kerbe, aus der übel riechender Eiter drang. Die Wunde stammt zweifellos von einem Krellschuss, wenn ich gewusst hätte, wer vorher auf das Stück geschossen hat, hätte ich ihm die Sau vorgezeigt. Mit Nachsuchen sind solche Sauen sehr schwer zu bekommen, in der Regel heilen sie aber solche Schüsse komplikationslos aus. Ich hatte also einen Rekonvaleszenten vor mir, dessen Heilverlauf meine Kugel leider gestoppt hatte.

Im Herbst des gleichen Jahres hatte ich in diesem Reviercher noch ein bleibendes Erlebnis. Der Mais war vor zwei Wochen gedroschen worden und mein eifriges Abfährten auf den Schlägen, auf denen noch Kolben aller Größen herumlagen, verriet mir, dass nach wie vor Sauen diese Felder annahmen, kein Wunder, größere Speisetafeln gab es weit und breit nicht.

Ein Maisschlag unmittelbar an der Bundesstraße erschien mir besonders verheißungsvoll, hier fanden sich Fährten aller Kaliber, auch frisch glänzende Losung lag allenthalben herum. Aber wieder einmal fehlte es an einer passenden Ansitzgelegenheit, ich musste mich mit einem Sitzstockansitz in einer Erlenreihe begnügen. Vor mir, zum Wald hin, lag ein weiter, frisch gepflügter und geeggter Getreideacker, hinter mir zur Bundesstraße hin, zog sich der besagte Maisschlag. Wir hatten fast Vollmond, der frisch geeggte Getreideacker leuchtete regelrecht hellweiß. Ein heftiger Seitenwind brachte die Erlenkronen über mir zum Erzählen. Ich wartete wie immer gespannt auf die kommenden Ereignisse, lange vergeblich.

Es mochten schon zwei Stunden vergangen sein, der spartanische Sitzstock drohte mich schon zu pfählen, da wirbelte plötzlich oben am Waldrand eine Staubwolke in den Acker hinein. Mondbedingt leuchteten dabei die Staubfahnen schneeweiß. Der Anblick faszinierte mich, ich musste unwillkürlich an einen Cowboyfilm denken, in dem der Held in einer eben solchen Staubfahne über die Prärie galoppierte. Die Fahne wanderte auf mich zu, deshalb war jetzt aber wirklich das Nachtglas gefragt und was soll ich Ihnen sagen, eine einzelne Sau trollte auf mich zu und wirbelte dabei diesen Staub auf.

Ich hatte nicht viel Zeit, mich mit diesem Phänomen näher zu befassen, auch konnte ich das filmreife Bild nicht länger genießen. Die Sau hatte es eilig, sie wollte zum Mais, sie war aber auch bestrebt, aus diesem lichthellen Staubacker schnellstens herauszukommen. Als sie schon beträchtlich nahe doch noch einmal verhoffte, schoss ich sie. Danach erlebte ich eine weitere Überraschung, das Stück hatte nur drei Läufe, der rechte Vorderlauf fehlte. Er war zweifellos einem verkorksten Tiefblattschuss zum Opfer gefallen. Aber Mutter Natur ist in solchen Fällen eine unerreichte Chirurgin. Sie hatte die Wunde geheilt und wieder mit einer Schwarte überzogen. Besser hätte dies ein Schönheitschirurg oder auch ein Präparator nicht gekonnt. Obwohl ich bestes nächtliches Büchsenlicht hatte, konnte ich der anwechselnden Sau diese Verletzung nicht ansehen. Das Stück trollte zügig und ohne sichtlich zu schonen.

Viele Jahre später erlebte ich einen dreiläufigen Keiler ganz anders. Ich bewachte in einem Taunusrevier einen Weizenacker. Überarbeitet und müde döste ich schon lange einfach so vor mich hin. Auf einmal glaubte ich im Acker vor mir etwas großes Dunkles gesehen zu haben. Ich griff zum Glas, sah aber nichts. Einige Zeit später aber sah ich wieder so etwas großes Dunkles, es hob sich kurz über die Ähren hinaus und verschwand dann blitzschnell wieder. Es dauerte eine Zeit, bis ich dahinter kam, dass ich eine starke Sau vor mir hatte, die dort im Weizen solche merkwürdige Kunststückchen machte. Endlich dämmerte es mir, dass bei dem Stück, das jedes Mal hochging, wenn es im Weizen weiterrücken wollte, irgendetwas mit den Vorderläufen nicht stimmen konnte, ihm musste ein Vorderlauf fehlen. Zu den känguruartigen Sprüngen sah es sich genötigt, um zu verhindern, dass es beim Weiterziehen durch die dichten Halme, die den verbliebenen Lauf festhielten, auf das Gebrech fiel. Ich schoss das Stück schließlich, als es an einer etwas niedrigeren Stelle zum Stehen kam. Es war ein vierjähriger Keiler, dem auch der rechte Vorderlauf völlig fehlte.

Später sah ich übrigens auch im Taunus, im zweiten Revier von Engelbert, einmal einen dreiläufigen Bock treiben und auch erfolgreich beschlagen. Ob der Beschlag wirklich erfolgreich war, konnte ich natürlich nicht ausmachen, ich kannte aber die Geiß und sie führte im nächsten Jahr zwei Kitze.

Im zweiten Jahr meiner jagdlichen Aktivitäten im Taunusrevier Emmershausen schoss ich den ersten Keiler. Für mich war es ein „Keiler", in Wirklichkeit war es ein zweijähriges Keilerchen von fünfundsechzig Kilogramm. Aber schon diese Wildstärke übertraf meine damaligen Transportmöglichkeiten. Ich musste den Jagdaufseher um Hilfe bitten. Er hatte eine kleine Landwirtschaft und war nebenbei noch im Forst als Waldarbeiter tätig. Er war ein sogenannter „Mitternachtsbauer", wie wir Jäger diese Landwirte nannten. Er hatte mir verraten, dass sich dieser Keiler oben im Laubus herumtrieb, was bei mir natürlich sofort zu Daueransitzen führte. Ein Auto besaß dieser Mann auch nicht, aber ein altes Motorrad, ich glaube, eine Adler-Maschine war das. Die Sau hätte zwar nicht auf das Motorrad gepasst, aber da gab es ja noch einen kleinen zweirädrigen Handkarren, mit dem der Jagdaufseher täglich sei-

ne zwei Milchkannen zur Ablieferstelle fuhr. Diesen zog ich nun hinter mir her bergwärts, nachdem ich auf dem Rücksattel dieses Gefährtes, der deutlich höher war als der Fahrersitz – warum wurde mir nie ganz klar – Platz genommen hatte. An Waldfahrten jedweder Art gewöhnt, steuerte der Jagdaufseher das K-Rad direkt an die Sau heran, die im Buchenhochwald lag. Wir luden sie problemlos auf, denn wo Milchkannen hinpassten, fand auch eine Sau Platz und ab ging es wieder nach unten, dorfwärts. Mit meiner rechten Hand hielt ich mich am Sattelgriff fest, mit der linken zog ich den Handkarren. Längere Zeit ging alles gut. Ich war selig, weil ich einen Keiler geschossen hatte, ich war aber auch redlich matt und müde nach dem Ansitz und der holprigen Anfahrt. So merkte ich zu spät, dass sich der Handkarren an einem Wurzelstock festfuhr, ich ließ ihn nicht mehr rechtzeitig los und schon riss es mich blitzartig vom Sitz. Ich überschlug mich nach hinten und lag dann neben meinem Keilerchen, das es aus dem Karren geschleudert hatte. Otto, der Jagdaufseher, sagte dazu nur: „Kerle, was mechste dann!" Zimperlich waren die Dörfler damals wirklich nicht.

Das mag auch eine andere kleine Geschichte, die sich dort kurz danach ereignete, zeigen.

Mitten im Sommer, bei großer Hitze, verstarb ein Opa, natürlich zuhause auf dem bescheidenen Hof. Angehörige trudelten ein, auch seine mittelalte Tochter. Diese war von Frankfurt mit dem Bus angereist, sie war völlig erschöpft und musste sich sofort auf die Couch im Wohnzimmer legen. Kurz darauf traf auch der Leichenbestatter ein. Er trat ins Wohnzimmer, sein Erscheinen verschaffte ihm sofort Platz. Er blickte sich kurz um und wusste sofort Bescheid. Er trat an das Sofa heran und fragte nach hinten über die Schulter: „Solle mer den Schmuck dralasse oder wolle mer'n abnehme?"

Die Ermattete schoss wie eine Tarantel senkrecht in die Höhe und der Bestatter entschuldigte sich mit einem erstaunten: „Hoppla."

Schriftdeutsch pflegte man seinerzeit nicht gerade im Hintertaunus und auch die Orthografie wütete dort noch wie die Pest. In brenzligen Situationen nahm man einfach den Plural zu Hilfe, das verhalf auf einfache Art und Weise zu einem Mitschuldigen. Deshalb auch damals das „wolle mer" statt „soll ich".

Ein guter Jagdfreund von mir, zu Lebzeiten war er Schulrektor, berichtete mir von einem Skatabend mit zwei Hintertaunusjägern, einer davon war sein

Schwager. Dieser erhielt ein sehr gutes Blatt, das er wie folgt lobte: „Kerle, was Karte, da könnt ma ja grad an Ergasmus kriege!"

Reaktionsschnell und sofort hakte mein Freund der Lehrer ein. „Was ist den a ‚Ergasmus', so was gibt's doch überhaupt net!"

Die Antwort: „Jetzt bist an Lehrer und waßt net, was an Ergasmus is!"

„Des Wort gibt's net", konterte mein Freund.

„Ich hol dir den Duden, da kannste selbst nachgucke!"

Der Duden wurde geholt und der Mann aus dem Taunus begann zu blättern. Natürlich wurde er nicht fündig, aber er gab so schnell nicht auf.

„Ich waaß ganz genau, dass des Wort gibt, ich find's jetz nur net, weil ich net waaß, ob mer's mit em afache S schreibt oder mit em Buckel-S!"

Auch mein Freund Engelbert war schnell mit einem solchen Pseudoplural bei der Hand, wenn er beispielsweise einen Bock fehlte. Abends in der Hütte nervte er mich dann immer mit der Feststellung: „Das haben <u>wir</u> diesmal nicht gut gemacht."

Noch so einen denkwürdigen Sturz praktizierte ich bei einem Sauansitz. Es war im Spätherbst und die Sauen brachen die Wiesen um, weil sie mit Eiweiß die Gerbsäure der aufgenommenen Eicheln kompensieren mussten. Gewitzte Leitbachen brechen oft weit ab vom gefährlichen Waldrand, wo sie die Kanzeln wissen. Heute weiß ich natürlich, dass Sauen, die im Wiesengebräch vertieft sind, ganz leicht gegen den Wind anzugehen sind, aber damals baute ich noch auf etwas erhöhte Ansitzmöglichkeiten. Eigentlich hätte ich mich einfach an einen Pfahl der Viehkoppel setzen können, aber ich wollte es mit einem kleinen Sitzchen versuchen, das ich einfach auf den Pfahl setzte. Eine zweisprossige Leiter hielt den Sitz, allerdings Wackeln und Schwenken darauf war nicht ratsam. Auf dieser weiten Koppel stand das Vieh des nahen Gutshofes, der heute längst zu einem bekannten Reiterhof mutiert ist. Da Kühe äußerst neugierige Tiere sind, hatte ich bald die Koppelbesatzung vollständig um mich herum versammelt. Es schnaubte allenthalben, plätscherte und platschte, das Vieh war zwar neugierig, aber Verdauung und Stoffwechsel setzten deshalb nicht aus. Lange Zeit ging alles gut, sieht man einmal davon ab, dass ich mich in dieser Umgebung nicht gerade wohl fühlte. Ein klassischer und spannender Sauansitz sah wirklich anders aus. Die Rindviecher drängten und schoben, die hinteren wollten auch erleben und riechen, was sich da vorne abspielte. Eine

Zeit lang konnte auch die Front um mich dem Druck noch standhalten, dann musste sie nach vorne rumpelnd nachgeben, meine Leiter wurde umgerissen. Ich flog mit Drilling und Glas in die Wiese, zum Glück auf die Außenseite. Wäre ich unter die Leiter gefallen, wäre es wahrscheinlich gefährlich, aber mit Sicherheit auch unappetitlich geworden, denn das Vieh hatte schon einen beachtlichen Dungteppich um mich herum gelegt.

Da sich auf dieser Koppel noch nachts viel abspielte, was ich dem Jagdherrn Engelbert am Morgen auch immer berichtete, wollte dieser auch einmal dort auf Schwarzwild passen. Meinen Vorschlag, sich zu diesem Zweck einfach an einen Koppelpfahl zu setzen, lehnte er ab. Er, der trotz seines Handicaps jagdlich mit mir eigentlich alles bedenkenlos unternahm, hätte ebenerdig sitzend doch etwas Angst vor den Sauen gehabt. Er musste daher zumindest so hoch sitzen, dass ihm zornige Sauen nichts anhaben konnten. Als ich vor dem nahen Gutshof ein Güllefass stehen sah, kam mir die richtige Lösung, Engelbert musste auf diesem Fass im Reitersitz Platz nehmen. Von dort oben aus übersah er die ganze weite Koppel und dort oben war er auch sicher. Auf meine Bitte hin fuhr der Verwalter den Güllewagen in die Koppel und platzierte ihn dort nach meinen Angaben so, dass der reitende Jäger die schlimmsten Schadensstellen gut überblicken konnte.

Wir saßen beide an, Sauen kamen in die Wiese, aber bei Engelbert knallte es einfach nicht. Als ich ihn nach Mitternacht abholte, begründete er seine situationsbedingte Enthaltsamkeit damit, dass ihn die Sauen immer auf der falschen Seite passiert hätten. Sie trollten rechts am Jauchefass vorbei. Nach dieser Seite aber konnte der Reiter oben auf dem Fass seine Büchse nicht schwenken, daran hinderte ihn ganz einfach seine linke Beinprothese. Er hätte dem Gaul, pardon, dem Jauchefass, dazu links die Sporen geben müssen, was ja ausgeschlossen war. Der Schütze hätte sich kraft seines gesunden rechten Fußes nur nach links wenden können. Dies hatte ich nicht bedacht. Ob er aber dann in dieser Position auch getroffen hätte, steht auf einem anderen Papier, eine leichte Schussabgabe auf diesem Fass wäre es ohnehin nicht gewesen.

Mein gehandicapter Jagdfreund machte aber nach dem Motto „Dabei sein ist alles“ alle Jagdarten mit und ich verhalf ihm dabei zu sehr ansehnlichem Waidmannsheil und zu beglückenden Erlebnissen. Mein Lohn waren dafür freie Büchse und freie Flinte, wenn ich alleine in seinen Revieren auf Achse war. Leider musste ich im Lauf der Jahre feststellen, dass man als Jäger bequemer wurde, sodass solche Aktionen mehr und mehr ausblieben.

Noch so ein Beispiel, wie Engelbert und ich gut zusammenarbeiteten und uns ergänzten, mag ein Hirschbrunfterlebnis beweisen.

Der Wunsch dieses Jägers war es natürlich, einmal in seinem Taunusrevier einen guten Brunfthirsch zu erlegen. Mehrere Jahre gelang uns das nicht. Meist fehlte es an der erforderlichen Mobilität des Hirschjägers. Wir waren auf Ansitze auf Leitern und Kanzeln angewiesen. Die Hirsche röhrten schon ab und an um uns herum, aber zu Gesicht bekamen wir sie im hohen Buchenaltholz nie.

Wieder einmal war Hirschbrunft, deren Höhepunkt sich im Taunus immer in der dritten Septemberwoche abspielte. Wir saßen schon in aller Herrgottsfrühe, also lange vor Büchsenlicht oben im Laubus auf einer kleinen Kanzel und verhörten. Tief unten im Tal meldete ab und an eine tiefe Stimme, dieser Hirsch dosierte seine Rufe gezielt, er antwortete nicht gleich jedem Jungschnabel auf dessen Geprahle. Dies musste ein älterer, vielleicht sogar reifer Hirsch sein. Rotwildexperten waren wir beide nicht, aber was ich so alles über Rotwildbrunft gelesen hatte, ließ diesen Schluss durchaus zu.

Ausgeschlossen war aber, dass dieser Hirsch unser Kanzelchen passieren würde, wenn er sich in seinen Tageseinstand zurückzog. Es gab nur eine Möglichkeit, wir mussten ihm den Wechsel abschneiden. Ein wildes, abenteuerliches Unternehmen begann. Zunächst versuchten wir – es war ja noch lange nicht hell – den Hirsch anzugehen. Das funktionierte einfach nicht, Engelbert war zu langsam und fiel im dunklen Wald zweimal hin. Unterdessen meldete der Hirsch etwa vierhundert Meter unter uns noch beständig. Trotzdem mussten wir uns beeilen, der Hirsch würde ja nicht ewig dort unten bleiben.

Unser Ziel war ein kleiner Fichtenkopf, in dem eine offene Leiter stand. Auf diese Leiter musste Engelbert schnellstmöglich unbedingt kommen. Die Fichten hatten Christbaumgröße erreicht, wiesen aber schon große Lücken auf, weil sich die meisten Dörfler dort ihren Weihnachtsbaum holten, genauer gesagt, klauten.

In dieser kleinen Dickung lag Rotwildlosung an Rotwildlosung. Unser Hirsch musste diesen Fichtenkopf durchwechseln, wenn er oben in den Laubus wollte.

Um unsere langsame Stolperei zu beenden, stellten wir uns Rücken an Rücken, ich hakte Engelbert ein und zog ihn einfach hinter mir her durch den Hochwald zur Leiter hinunter. Das ging zwar auch nicht ohne Lärm, aber der Hirsch stand ja noch unten in der Talwiese. Engelbert half so gut es ging mit seinem gesunden Bein nach, wir kamen gut vorwärts. An den Fichten angekommen, koppelte ich meinen Jagdfreund wieder ab und das letzte Stück zur Leiter führte ich ihn vorsichtig. Er war noch nie in diesem steilen Revierteil gewesen, kannte daher auch die Leiter, die noch vom Vorgänger stammte, nicht. Auf dem Moosteppich unter den Christbäumen kamen wir fast lautlos vorwärts und erreichten noch bei völliger Dunkelheit den Ansitz. Mein Freund stieg hoch und ich verdrückte mich wieder nach oben.

Der Hirsch meldete immer noch, aber bald schon konnte ich heraushören, dass er aufwärts zog. Inzwischen war es hell geworden, die Sache stand jetzt auf Spitz und Knopf. Der Hirsch musste nur in der Nähe des Leiterchens das Köpfchen durchwechseln, alles Weitere lag dann an Engelbert. Ich saß im Buchenhochwald und zitterte vor Aufregung und Spannung. Vielleicht geht es Ihnen auch so, wenn man einen Jäger führt, bangt man um dessen Erfolg einfach mehr. In mein Zittern und Bangen hinein fiel auf einmal unten ein Schuss. Ich konnte es kaum fassen, was ich da hörte. Hatte unser Plan tatsächlich geklappt? Nach zwanzig Minuten zog es mich magisch zu Engelbert hinunter. Lautlos kam ich an seine Leiter, er bemerkte mich überhaupt nicht. Erst als ich leicht am Holm rüttelte, schaute er nach unten und er strahlte, strahlte und strahlte. Das Victoryzeichen gab es damals noch nicht, aber ich wusste auch so Bescheid. Engelbert hatte auf den Hirsch geschossen. „Er liegt“, flüsterte er selig und stieg langsam von der Leiter. Gar nicht weit davon entfernt lag der Hirsch, ein alter, reifer Eissprossenzehner, damals ein idealer IIB.

War das eine Freude! Stolz kam in uns beiden auf. Jeder fühlte sich als Held dieses Brunftmorgens. Zum ersten Mal stimmte der Plural bei Engelbert, als er sagte: „Das haben wir gut gemacht.“

Der Hirsch wurde in den Ort hinuntergebracht und versorgt und im Hof beim Jagdaufseher Otto gab es Schnaps und Freibier. Um die Mittagszeit war schon der halbe Ort betrunken, auch viele Dörfler, die mit der Jagd überhaupt nichts am Hut hatten, schwankten ganz beträchtlich.

Zur Bejagung der Feldsauen

So ganz allmählich beendete ich meine Anfangsphase der Pannen, Pech und Pleiten. Dank ständiger Kontakte mit den schwarzborstigen Gesellen reifte ich frühzeitig zum Saujäger heran.

Meine Einsatzgebiete waren die Felder, in denen die Sauen zu Schaden gingen. Dort konnte ich schalten und walten, wie ich wollte. Vor allem konnte ich – und das war das Wichtigste – jederzeit dort jagen. Ich musste mich nirgends und bei keinem anmelden, ich fuhr einfach mit meinem Fahrrad hinaus und das oft und regelmäßig.

Im Frühsommer, wenn der Weizen in die Milch kam, ging es schon los. Dann waren die Sauen plötzlich überall im Feld, kein Jäger weiß, wo sie vorher waren. Schon wenn die Weizenkörner praller werden, tauchen die ersten schwarzen Späher in der Gemarkung auf, auf einmal stehen ihre markanten Fährten auf den Feldwegen und in den Traktorspuren in den Schlägen. Wer ruft sie? Wer sagt den Schwarzkitteln in der Tiefe der Wälder, dass jetzt bald das große Fressen draußen in der Feldflur beginnen kann? Manchmal möchte man fast meinen, die Sauen tragen einen Kalender mit sich herum, nach dem sie sich akribisch richten. Die Frage kann nicht beantwortet werden, fest steht, dass die Sauen oft kilometerweit wittern, wenn ein Acker frisch eingesät ist oder wenn er gerade abgeerntet ist. In der folgenden Nacht sind sie prompt da und schauen, ob etwas zu holen ist oder halten Nachlese.

Wenn im Juni die ersten Fährten im Revier standen, begann meine große Zeit. Das ist auch heute noch so. Von jetzt ab war ich nachts nur noch selten im Bett, allenfalls gegen Morgen noch ein paar flüchtige Stunden. Der Wecker rappelte dann einen noch müden und verkaterten Waidmann aus den Federn, das Tagwerk wartete und auch schon da schlichen sich wieder die Gedanken an die Sauen ein, was war in der kommenden Nacht besser zu machen, wie konnte ich ihnen effektiver beikommen?

Damals hatte ich noch ein ausgezeichnetes Hörvermögen. Ich verfügte zwar über kein absolutes Gehör – in meiner Internatszeit war ich als Einziger der Klasse nicht im Chor, dafür musste ich dann aber für den ganzen Chor die Noten schreiben, ein noch viel schlimmeres Los!

Meist ging ich unter Wind die reifenden Getreideschläge ab und lauschte, lauschte und lauschte noch einmal. Irgendwann bekam ich Kontakt zu meinen tafelnden Freunden. Das Jagdfieber sprang mich an und ich stand sofort unter Starkstrom. Hastig wurde der Wind geprüft, der in der Sommerzeit ja meist nur als laues Lüftchen über den reifenden Feldern wehte und hinein ging es in den Weizen. Mit stetem Hörkontakt suchte ich mir eine passende Fahrspur aus und in ihr kam ich tief gebückt dem Wild schnell näher. Eine tiefe, gebückte Haltung war schon angebracht. Glauben Sie nicht, lieber Leser, Sauen sehen ganz so schlecht, wie man es ihnen immer nachsagt. Sie können selbst das Sehvermögen von Schwarzwild ganz leicht überprüfen. Gehen Sie in einen Wildpark und füttern Sie dort Sauen mit Mais oder Eicheln. Jede geworfene Eichel, ja jedes Maiskorn wird von den wartenden Sauen blitzartig gesehen und das Wild stürzt sich sofort auch auf jede weiter geworfene Eichel oder auf jedes weiter geworfene Maiskorn. Also was soll das Gerede von sehr schlechten Augen? Eine Bache müsste ja völlig blind sein, wenn sie einen anschleichenden Jäger, der aufrecht gehend mit seinem ganzen Oberkörper die hellen Ähren überragt, nicht wahrnimmt, wenn er ihr gefährlich nahe ist. Auf alle Fälle muss man schnelle und hastige Bewegungen vermeiden, sie werden vom Schwarzwild sofort wahrgenommen, ihr tiefes, entrüstetes Warngrunzen bestätigt dies dann prompt.

Viel sieht man ja zunächst nicht, wenn man sich an so eine tafelnde, schmatzende Sauengesellschaft herangeschlichen hat. Überall im Umkreis ertönt das stakkatohafte hastige Schmatzen, Halme bewegen sich hin und her, sie rauschen, wenn sie eingedreht und nach unten gezogen werden, es bläst und grunzt, der Nachwuchs quiekt in den höchsten Tonlagen und jagt übermütig in den Traktorspuren auf und ab. So eine Bachengesellschaft unterhält sich ständig beim Fressen, weiß Gott, was sie sich alles zu sagen hat. Oft schon liefen mir Frischlinge auch bis an meine Schuhspitzen, ja bis an meine blanken Zehen, wenn ich die Sache barfuß angegangen war. Mein Sohn Max macht sich immer eine Freude daraus, die Frösche heranzuquieken, sie kommen manchmal mehrmals. Zwar können sie mit Jägerfüßen, dem großen unbekannten Wesen, nichts anfangen, aber den Locktönen weiterer Spielgefährten können sie nicht widerstehen.

Das laute Schmatzen in der Rotte, deren Stand kein Platz für Angsthasen ist, weist einen dann schließlich aber auf die einzelnen Stücke ein. Diese sind vertieft in ihre Fraßaufnahme und bewegen sich kaum von der Stelle. Welchen Genuss muss doch so ein milchiger süßer saftiger Weizen auf den Sauleckern auslösen! Es gibt da keine Steigerung mehr, für Sauen ist das der allerhöchste Hochgenuss nach der monatelangen bescheidenen Frühjahrswaldäsung.

Hat es um diese Zeit im Feld noch nicht oft geknallt, sind die Sauen sorglos, sie geben sich hemmungslos der Völlerei hin und sind leicht anzugehen und dann auch relativ leicht zu schießen. Man sieht vor sich auf kurze Entfernung den schwarzen Aalstrich der Federn, zwei Teller und ab und an den dazugehörigen Wurf, wenn er sich zu den Ähren hochhebt, um diese abzubeißen. Nun braucht man nur noch hinter den Tellern das Zielkreuz nach unten in das Getreide hineintunken und blitzartig fällt die Sau. Eine Weile schlegelt sie noch wild, Halme werden reihenweise abgerissen, dumpfe Erdbodenstöße ertönen, dann wird es still. Der Rest der Rotte rauscht auseinander und verhofft unschlüssig. Plötzlich ist es mucksmäuschenstill, selbst der Nachwuchs in den Traktorspuren verharrt bewegungslos. Was für eine Disziplin nach einer kaum dreimonatigen Schulung im Verband!

So geht es oft im Getreide und so passieren die meisten Fehler, das reifende Getreide ist immer wieder und leider Gottes das Massengrab für führende Bachen. Viel zu viele Waidgenossen können hier ihren Finger nicht gerade lassen und das Elend nimmt seinen Lauf. Gestreifte Waisenkinder suchen danach wochenlang nach ihrer Mutter, sie bleiben am Ort des Geschehens, weil sie es einfach nicht fassen können, dass ihre Mutter, die Beschützerin und die süße Milchquelle plötzlich nicht mehr da ist. Es ist gewissenlos, mitten im Getreide einen Schuss abzugeben, wenn es allenthalben um einen herum wuselt und quiekt. Der Schuss kann nur eine Bache treffen, die Chance, einen Überläuferkeiler dabei zu erwischen, ist minimal. Hier ist jeglicher dolus eventualis – es wird schon gut gehen – verfehlt und verwerflich!

Ich bin mir sicher, dass so im Sommer mehr führende Bachen fallen als im Winter bei den Drückjagden. Der Zeitpunkt macht dabei die Sache so schlimm, denn der Nachwuchs benötigt noch dringend die Führung und Ernährung durch die Bache. Welcher Jäger kennt nicht das Bild der aufgebrochenen Bachen, deren milchstrotzendes Gesäuge dann schamhaft sorgfältig ausgeschabt und entfernt werden musste. Auch ich habe solche Fehler gemacht und ich habe sehr darunter gelitten. Als Jagdpächter dulde ich heute solche Fehler nicht, zumindest Wiederholungsfehler haben Konsequenzen. Vielfach werden solche Abschüsse mit den drohenden Wildschäden gerechtfertigt, das ist doch Käse! Jeder Jäger kann in solchen Situationen doch auch einfach in die Luft schießen, dann leeren sich die Schläge genauso schnell. Ich kenne leider nicht allzu viele Waidgenossen, die diese Art der Wildschadensverhütung praktizieren, sind wir doch einmal ehrlich.

Dabei muss man zwischen Jagdpächtern und Gästen unterscheiden. Erstere haften für den Wildschaden, sie können sich oft noch weniger zu Luftschüssen oder ähnlichen Störungen entschließen, für sie bringt nur Wildbret die heiß ersehnte Kompensation. Und die Gäste? Sie können sich in aller Seelenruhe das laute Geschmatze anhören, sie kostet das ja nichts. Sie warten oft ab, ob sich vielleicht doch noch eine echte Chance auftut. Manchmal denke ich fast, die warten darauf, dass ein Überläuferkeiler sich den Pinsel auf den Rücken bindet und „Hier“ schreit. Kein Zweifel, Sauen gehen im reifenden Feld nicht zimperlich vor, Spuren ihrer regelrechten Verwüstungen zeigen sich am nächsten Morgen allenthalben. Der jagdlichen Enthaltsamkeit folgt dann oft schon der dolus eventualis und in ganz schlimmen Fällen setzt sich dann auch der dolus directus mit auf die Notleiter mitten im Getreide.

Wer drei oder vier Nächte lang nur das Schmatzen und Furzen der Sauen gehört hat, wer krumm gesessen lange nach Mitternacht oder gar schon gegen Morgen taubefeuchtet nach unten steigt und mit wattigen eingeschlafenen Füßen heimwärts oder autowärts stolpert, dem tropfen allmählich all die guten Vorsätze aus der Nase, der Mund wird trocken, böse Rachegedanken blasen die Müdigkeit weg. Noch mit dem letzten Gedanken im eigenen Bett oder in einem Jagdhauskoben kommen Drohungen für den nächsten Ansitz auf und das Schicksal nimmt seinen bedauerlichen Lauf, die nächstbeste Sau muss daran glauben, ist es eine Bache, dann hat sie ihren Tod selbst verschuldet, ist es wider Erwarten ein Keilerchen, dann lässt sein Abschuss eben auf überragendes jagdliches Können des Erlegers schließen. So einfach ist das!

Vor ein paar Jahren pirschte mein Sohn in den „Toten Bergen“ meines Reviers in einer sehr frühen Morgenstunde. Die Sauen sickern um diese Zeit in dieses Bauernwäldchen ein und suchen sich zwischen Brombeeren und Brennnesseln einen Kessel für ihren Tagesschlaf. Es kam, wie es kommen musste, ein stärkeres Stück Schwarzwild rauschte plötzlich aus einem Wirrwarr von Ästen und

Brennnesseln heraus, flüchtete dreißig, vierzig Meter weg und verhoffte. Dieses Verhoffen hätte dem Jäger eigentlich auffallen müssen. Wenn ein einzelnes Stück so hochgemacht wird, verhofft es nicht schon wieder nach dreißig Metern, es rauscht weiter ab und bringt sich in Sicherheit. So verhalten sich nur Bachen, die Frischlinge im Kessel haben. Hier wurde der Zeigefinger gekrümmt, der sich bei jungen Leuten ja noch viel schneller krümmt, und eine Bache lag im Feuer.

Im Kessel kuschelten sich acht gestreifte Frischlinge. Was war jetzt zu machen? Im Jagdhaus setzte ein hektisches Telefonieren ein, wer war bereit, die Waisen großzuziehen? Endlich und nach unzähligen Telefonaten fanden wir im Odenwald eine Amme.

Es mussten aber die Frischlinge noch gefangen werden, die kleinen Teufelchen sind manchmal blitzschnell und es ist nicht leicht, ihrer habhaft zu werden. Zum Frischlingsfang nahmen wir auch unseren Freund Kazem, einen Perser, mit. Dieser hatte mit Sauen nicht viel am Hut, aber er wollte um alles in der Welt dabei sein und helfen, die Kleinen zu fangen. Da er Schwarzwild nicht anfassen wollte, gaben wir ihm ein großes Schmetterlingsnetz mit, mit

Die acht Waisen aus den „Toten Bergen“ mit ihrer Amme.

dem wir immer unsere Fasanenküken in der Voliere fingen, wenn wir sie umsetzen wollten. Kazem platzierten wir etwa zwanzig Meter unter dem Kessel am letzten Wechsel der Bache.

Sieben Frösche konnten wir sofort greifen, aber ein achter, dem das Greifen seiner Geschwister zu einer Blitzflucht veranlasst hatte, entkam uns. Aber auch er kam nicht weit, denn er rannte direkt in das Schmetterlingsnetz von Kazem. Dieser konnte so etwas überhaupt nicht fassen und präsentierte uns den achten Frosch wie in einem Klingelbeutel der Kirche.

Noch am selben Vormittag brachten wir die acht Frischlinge in den Odenwald, dort erhielten sie ein hervorragendes Zuhause, schon nach wenigen Tagen folgten sie ihrer Amme durch den Garten, wurden völlig vertraut und tauchten bei einem Dorffest sogar unter den Leuten auf.

Meist nimmt es aber mit so aufgezogenen Frischlingen kein gutes Ende. Diese hier hatten etwas mehr Glück, drei kamen in einen Wildpark, zwei mussten nach einem Jahr abgeschossen werden, weil sie immer ausbrachen, und eine Bache blieb übrig. Sie lebt heute noch in ihrem Gatter. Dort lebt sie glücklich und zufrieden in wilder Ehe mit einem Hängebauchschweinkeiler. Sie ist groß und schwer und zeigt uns, wenn wir Sie besuchen, dass sich in unseren Wäldern eine gesunde Schwarzwildpopulation aufhält.

Doch nun zurück zur Getreidejagd. Stärkere Keiler sucht man bei diesen lärmenden Ansammlungen in den Feldern vergeblich. Sie fährtet man meist ganz zufällig und dort, wo man sie am allerwenigsten vermutet hätte. Oftmals weit draußen im Feld, schon nahe an den Häusern, wo niemand mehr mit Sauen rechnet. Auch in den ersten Reihen des Getreides, die im Waldschatten liegen, gehen oft ganz vorsichtig stärkere Keiler zu Schaden. So ein Sommerkeiler ist doch schon durch viele Zielfernrohre gezogen. Dass es ihn dabei nicht schon früher erwischte, ist sein großer Dusel. Der Keiler weiß das nur nicht, weil er das Zielkreuz oder den roten Punkt auf seiner Schwarte nicht spürte. Aber er könnte doch im Laufe der Zeit von vielen berichten, nur sein phänomenaler Geruchssinn und sein scharfes Gehör warnten ihn immer rechtzeitig vorher. In unseren Breiten müsste ein alter Keiler eigentlich unterirdisch leben, nur dort könnte er sich einigermaßen sicher fühlen.

Diese nächtliche Sommerjagdzeit ist auch die Zeit der brilliantesten Ausreden und Meineide! „Das Stück war hundertprozentig allein, diese Bache ist mir regelrecht in den Schuss gelaufen“ und dergleichen mehr. Immer wieder ist von solchen Selbstmordakten der Sauen die Rede. „Ich kann beschwören, dass beim Austreten keine Frischlinge folgten“, und so weiter und so fort. Die Schweißhundführer, die schon im Sommer Tag für Tag im Einsatz sind, können ein Lied von diesen Tragödien singen. Ob es immer richtig und gut ist, dass sie sich zur absoluten Verschwiegenheit verpflichten, ist da schon die Frage. Es gibt viele schwarze Schafe unter den grünen Jägern, manche von ihnen fallen Jahr für Jahr immer wieder auf, ihnen fehlt offensichtlich das Gefühl und Mitleid für diese ritterliche Wildart.

Gerade weil der Tod einer Sommerbache eine viel größere Tragödie ist als der Abschuss einer Winterbache auf einer Drückjagd, müssen Saujäger um diese Zeit viel vorsichtiger und disziplinierter vorgehen. Frischlingen, die schon im Streifenalter ihre Mutter verlieren, droht in jedem Fall ein grausames Schicksal. Selbst wenn sie es irgendwie schaffen sollten zu überleben, bleiben sie kümmerlich und schwach. Sie frischen wieder schwache Frischlinge und ganze Schwarzwildbestände verkümmern auf diese Weise. Bachen mit 80 bis 100 Kilo gibt es dann ganz einfach nicht mehr und Keiler schon gar nicht.

Wenn man im Getreide Sauen angeht und wenn man sie dann vor sich hat, dann muss man unbedingt einiges ganz genau beachten:

1. Piepst und quietscht es um die schwarzen Schiffe, die aus dem Halmenmeer herausragen, dann gibt es nur eins, sofort umzukehren, es sei denn, man will versuchen, einen der Frösche zu strecken. Zur Abschreckung der ganzen Rotte ist das oft nicht ganz verkehrt. Manchmal sind auch schon früh gefrischte Frischlinge dabei, die keine Streifen mehr haben und schon 15 bis 25 Kilo wiegen. Diese sind schon richtig und lassen sich nebenbei bemerkt ganz hervorragend grillen.

2. Sieht man Sauen im Getreide ziehen, dann muss man den Blick nicht auf das Stück richten, das aus dem Halmenmeer ragt, sondern viel wichtiger ist es, die Halme hinter diesem Stück genau zu beobachten. Oft wackeln Ährenköpfe zehn bis fünfzehn Meter hinter der führenden Bache, das sind dann die Frischlinge, die ihrer Mutter nachbummeln. Von Kanzeln und Leitern aus kann man das Nachbummeln besonders gut beobachten. Der Jäger sollte sich in solchen Fällen am Anblick und an der Gesamtsituation erfreuen, dann kann Bedauern über den nicht getätigten Schuss gar nicht erst aufkommen.

Ich empfinde es immer wieder als Erleichterung, wenn ich nach misstrauischem Spekulieren endlich sehe, dass dem großen Stück Frischlinge nachfolgen. Zugegebenermaßen kam mir so eine Erkenntnis oft erst im allerletzten Moment, wenn die Waffe schon eingestochen war. Aber dann gerade überkommt einen umso intensiver das erleichternde Gefühl, gerade noch einen großen Fehler vermieden zu haben.

Kleine Notleitern kann man übrigens mitten in die Schläge hineinstellen, Sauen stören sich überhaupt nicht daran, auch wenn etwa bis drei Meter über den Ähren ein Jäger sitzt. Nur der Wind muss stimmen und der Jäger muss sich still verhalten können.

Ganz anders habe ich mich einmal in meinem Darmstädter Revier getäuscht und weil die Jagd auf einen Traumkeiler im Sommergetreide endete, will ich die Geschichte an dieser Stelle erzählen.

Es war vor etwa zwanzig Jahren, da stand plötzlich zu Beginn der Schonzeit, also Anfang Februar, eine ausnehmend starke Saufährte in meinem Revier. Im tauenden Schlackschnee hätte man meinen können, ein Jungbulle vom nahen Aussiedlerhof habe sich selbstständig gemacht und einmal neugierig das Feld inspiziert. Das Geäfter verriet aber den Schwarzkittel. So ein weit gespreiztes Geäfter hatte ich noch nie in meinem Revier gesehen. Es war überhaupt die stärkste von all den Saufährten, die reichlich in der Gemarkung standen.

So ein Schalenabdruck zwingt den passionierten Saujäger andächtig in die Knie. Mit Daumen und kleinem Finger misst man, prüft, der Fährte folgend, die Schrittlänge, multipliziert im Geiste die Zentimeterzahl mit Kilogramm und kommt zu einem gewaltigen Gewicht.

Eine solche Saufährte im letzten Schnee des Jahres entzündet das zunächst noch schwache Licht der Hoffnung auf einen wirklich starken Keiler im eigenen Revier zu Schuss zu kommen. Wie hat er nur alle Winterjagden überstehen können, an wie viel besetzten Kanzeln zog er schon vorbei, wie viel Fadenkreuze von Zielfernrohren mögen seiner eisgrauen Schwarte schon gefolgt sein, wie oft schon hat er Kugeln vorbeipfeifen hören?

Im Sommer 1988 sah ihn ein Bauer meines Reviers. Der Mann drosch Raps auf seinem nur etwa 80 Meter vom Waldrand entfernten Feld. Am Ende stand plötzlich kurz vor dem Mähwerk „a Drum von an Watz uff, wie ich noch kaan gesehe ho". Der aufgewühlte Bauer kam gleich mit dem Mähdrescher zu meinem Jagdhaus gefahren, um mir zu berichten. Gemächlich sei der Basse zum nahen Wald gezogen, 12 Uhr mittags sei es gewesen, die Kirchenglocke habe geschlagen, „high noon" im Arheilger Feld. Nur der Jagdpächter fehlte, er verschlief in der Hängematte, den Dackel auf dem Bauch, die Sternstunde der Saujagd.

So ein alter Keiler scheut sich nicht, auch mal Wintergerste zu sich zu nehmen. Wenn man Glück hat, hört man ihn tief in der Nacht die lästigen Grannen aushusten. Zwar ist die Gerste hellgelb und niedrig, aber der Schlaumeier steht im Waldschatten und hustet nur ab und an zur fernen Kanzel hin.

Das Husten, das klang, als ob ein Fernlaster Bremsdruck ablässt, schleuderte mich förmlich vom Hochsitz, ohne Schuhe, nur in Socken, schlich ich am Waldrand entlang.

Wie merkt eigentlich so ein erfahrener Bursche, dass ihm Gefahr droht? Selbst beim genüsslichsten Schmatzen sind alle seine Sinne geschärft. Der Keiler brach nicht etwa mit Getöse und Geknacke in den nahen Wald weg, oh nein, er empfahl sich fast lautlos und ließ nur weiter im stockfinsteren Waldesinnern den Waldkauz die gelungene Flucht dem Jäger melden.

Im Herbstmais hörte ich ihn dann wieder schmatzen und knacken. Fast unter meiner Kanzel brach er die saftigen Kolben. Halb aus dem Hochsitz hängend, wäre ich damals schon zu fast jedem Risikoschuss entschlossen gewesen, wenn ich auch nur eine Borste deutlich gesehen hätte. Hatte ich mich zu weit aus dem Fenster gebeugt, oder war der Duft der ausgezogenen Stiefel unter dem Kanzeltürspalt durch nach unten gezogen? Jedenfalls beschleunigte mein Traumkeiler unvermittelt und schoss, einem Torpedo gleich, durch den Mais in Richtung Hochwald.

Am nächsten Morgen durfte ich Losung, die einem belgischen Kaltblüter Ehre gemacht hätte, als Kostprobe seiner Anwesenheit in meinen Fingern drehen. Sie roch frisch nach Sau und mir und meinem Dackel sträubten sich die Nackenhaare.

Im ersten Novemberfrost, mein Maisacker lockte jetzt mit ausgereiften Kolben, hörte ich den Keiler schon von Weitem anwechseln. Er trollte nicht an wie ein hungriger Überläufer, sondern setzte seine Läufe bedächtig, in der Ruhe und Besonnenheit lag seine Stärke.

Vielleicht schob ich damals den Sicherungsschieber an der Büchse etwas zu spät nach vorn. Kein anderes Wild hätte das Geräusch wahrscheinlich mitbekommen, nicht einmal ein Fuchs am noch so nahen Luderplatz. Dieser Keiler hat das leise Klicken wohl auch nicht richtig vernommen, ich bin sicher, er hat es mehr geahnt, jedenfalls verhoffte er auf einmal, gar nicht mehr weit hinter mir. Normalerweise hätte ich ihn atmen hören müssen. Wenn sein Herz so laut geklopft hätte wie meines, hätte ich auch seinen wuchtigen Herzschlag hören müssen, aber es blieb mucksmäuschenstill. Ich saß wie zur Säule erstarrt und merkte die Kälte nicht, die sich im geöffneten Schlafsack allmählich breitmachte. Wenn ich Schwarzwild nicht genau kennen würde, hätte ich geschworen, der Keiler hätte sich in Luft aufgelöst. Er, den ich ziemlich laut anwechseln hörte, empfahl sich völlig lautlos, und wieder ließ er mich vom Waldkauz höhnisch grüßen.

Im Frühjahr fährtete er sich nur sporadisch in der Gemarkung. Umso eindrucksvoller stanzte er seine Trittsiegel in die frisch bestellten, eingesäten Felder. Der Sommer kam, und der Keiler blieb verschwunden. Wie oft habe ich die zahlreichen Rapsschläge abgefährtet, stets in der Hoffnung, eine seiner „Sommerresidenzen" zu entdecken – vergeblich.

Erst den Milchmais beehrte er wieder mit seinem Besuch. Wieder brach er unverschämt unter meinem Hochsitz herum.

Einmal, Ende August, durfte ich mich ein paar Stunden lang schon im „siebten Keilerhimmel" fühlen. Nach ausgiebiger Fraßorgie schob sich in dunkler Nacht, etwa 50 Meter von meiner Kanzel entfernt, ein sicherndes dunkles Haupt aus dem Mais.

Längst sicher, dass ich den Einzelgänger vor mir hatte, fackelte ich nicht lange und tauchte das achtfache Absehen hinter das sichernde Dreieck. Am Anschuss erfolgte die nach dem Schuss schon bekannte Explosion, und der „Torpedo" sauste wie ein Rohrkrepierer rasend schnell in den Mais zurück.

Mit schlotternden Knien baumte ich ab und schlich eilig vom Maisschlag fort. Den Rest der Nacht besprach ich mit meinem Dackel die Nachsuche für den kommenden Morgen. Schon am Anschuss fanden wir reichlich Schweiß, „guten" hellroten. Hei, was zog da der Hund in den Mais hinein! Selig und meines Erfolges sicher, folgte ich. Die taunassen, breiten Maisblätter klatschten mir ins Gesicht, aber mich vermochte nichts zu stören. Schon wurde der

Riemen schlaff, und ich sprang nach vorn zum Hund. Dort aber lag ein dreijähriger Keiler. Der „Alte“ hatte ihn vorgeschickt, dessen war ich mir sicher! Wenigstens mein Dackel zeigte echte, ungetrübte Finderfreude. Immer wieder zupackend, schnorchelte er selig und schadenfroh unter dem Pürzel des Mittelalten.

Der Winter kam, der Schnee blieb aus. Nachts, beim Ansitz am Mais, glaubte ich ab und an, das Ozonloch sei am Himmel zu sehen, in das die heiß ersehnten Schneeflocken abgezogen wurden. Auf keiner Jagd kam der Starke vor, er war – wie schon so oft – wieder weggetaucht.

Im Frühjahr 1990 stand die gewaltige Fährte wieder fast regelmäßig im Revier. Vielleicht mochte der Keiler keine so weiten Wege mehr, als „Rentner“ tritt man eben bedeutend kürzer. Erwartungsvoll wetzte ich meinen Nicker, die Chancen, dass mein Kontrahent jetzt einen entscheidenden Fehler machen würde, standen nicht schlecht, ich spürte es. Öfter als sonst auch fand ich die starke Fährte im Frühsommer zwischen den einzelnen Getreideschlägen. Er war bequemer geworden, der Alte.

Als im Revier nur noch die Rüben- und Maisschläge offen waren, „signierte“ er vorzugsweise dort ziemlich regelmäßig, das Streifen durch die schon hohen Getreideschläge war ihm vermutlich zu mühsam. Der Sommer kam, und der Weizen milchte. Ich saß auf einer schnell gezimmerten Leiter im arg geschädigten Getreide, wahre Bollermänner von Saulosung kündeten vom Besuch des „Giganten“. Gegen 3 Uhr morgens vernahm ich das typische harte Knappen, das anzeigt, dass eine Sau Ähren abbeißt. Die Geräusche kamen näher. Schon konnte ich die einzelnen Abbisse mitzählen, erst nach acht bis zehn Rispen setzte jeweils das Schmatzen ein. Untrügliches Zeichen für eine starke Sau. Überläufer und Frischlinge schmatzen schon Stakkato nach zwei bis vier Bissen.

Ich schaute mir fast die Augen aus dem Kopf. Der Keiler musste doch zu sehen sein! Zumindest die schwarzen Tellerbögen müssten beim Schmatzen aus den Ähren ragen. Nichts, der große Magier, der Meister der Tarnung, hielt nur mit urigen Geräuschen Kontakt zu mir. Dann half ihm auf einmal der Wind. Der blies ein einziges Mal in den sechs Stunden meines nächtlichen Ansitzes aus einer anderen Richtung – das aber reichte. Aus dem Schmatzen heraus legte der Keiler einen Kavaliersstart hin, wie ihn der Weizen noch nie gesehen hatte. Ein zischendes Geräusch sägte durch die Halme, gerade so, als setze der

Flüchtige seine Läufe gar nicht auf den Boden. In waagerechter Schussfahrt fegte er der nahen Kiefernschonung entgegen.

Mit hellem Sirren zersprang eine Zeile des Stacheldrahtes, dann war der Keiler im schützenden Wald. Der Horizont erstrahlte gerade im ersten Morgenrot, als ich, immer noch zitternd, von der Leiter abbaumte. Wieder einmal kam meine Lippe nicht ganz an den Kelchesrand heran.

Dann nahte die Sommernacht, der ich heute noch nicht ganz verziehen habe. Fast schon regelmäßig standen die starken Trittsiegel auf meinem Wildacker. An Stärke übertrafen sie die Fährten all der anderen Kolbensucher.

Ich schaffte erst spät den Aufstieg auf die Birkenleiter, weil ich vorher noch einen Pflicht-Theaterbesuch in Frankfurt zu absolvieren hatte. Eine Laiengruppe spielte ein amerikanisches Stück und zu den Requisiten gehörten eine Büchse von mir und ein Hirschgeweih. Die dankbaren Akteure hatten mich mit einer Freikarte bestraft! Vom Stück selbst kann ich nichts sagen, ich saß da und dachte an meinen Keiler.

Erst kurz nach 23 Uhr setzte ich mich auf der Leiter zurecht, Wild war nicht abgesprungen und Rehe konnten nicht schrecken, da sie in dem angrenzenden Staatsforst in der allgemeinen grünen Hysterie geschossen worden waren.

Schon fünf Minuten später klatschte ein Maisblatt, also war bereits ein Kolbensucher bei der Arbeit. Kurz darauf schob sich schräg unter mir ein riesiger, heller Wildkörper am Maisrand entlang. Lautes Schmatzen ertönte an der Stelle, an der ich mit einigen alten, vergammelten Kolben nachgeholfen hatte. Zweifellos hatte ich den starken Einzelgänger vor mir. Zum ersten Mal sah ich, wenn auch nur schemenhaft, seine gewaltigen Umrisse.

Auf einmal machte er es mir so leicht, ich traute dem Frieden nicht und schoss unverzüglich. Noch im Schuss rauschte der Mais auf. Die Todesflucht führte zum angrenzenden Roggenschlag. Dann herrschte beklemmende Stille. Selbst dem Kauz hatte es diesmal die Sprache verschlagen, und das war gewiss ein gutes Zeichen.

Ich saß noch eine Zeit lang, dann kehrte ich zum Jagdhaus zurück und verfiel in einen Tiefschlaf. Ich war meiner Sache ganz sicher und mich plagten keine Zweifel mehr.

Am nächsten Morgen war das Sommerkonzert der Vögel schon längst in vollem Gange, als ich meinem Dackel die breite Schweißhalsung anlegte. Der

Hund wusste um seine Aufgabe und konnte es kaum erwarten, bis ich ihm am Anschuss Riemen gab. Schweiß fand ich keinen, aber die gewaltigen Eingriffe zeigten mir, wen ich vorgehabt hatte:

Er war es: mein Traumkeiler.

Nach etwa 100 Gängen führte mich mein Dackel zum verendeten Stück. Vor mir im Roggen lag am Ende der gewaltigen Fluchtbahn ein großer eisgrauer Brocken, mein Traumkeiler?

Mir zitterten die Knie beim Nähertreten. Kein Wunder, das jahrelange „Fernduell" war vorbei. Hier, im reifen Roggenschlag, endete für immer die grobe Fährte.

Ich beugte mich hinunter zum Gewaff und war enttäuscht, beide Gewehre schienen abgebrochen. Ich wandte mich dem gewaltigen Wildkörper zu und hob gedankenversunken den langen Pürzel hoch, da traf mich fast der Schlag:

Vor mir lag eine kapitale Bache!

Mein Traumkeiler entpuppte sich als alte Geltbache, die später bahnfertig 99 Kilogramm auf die Waage brachte. Ich war der alten Dame nicht böse. Jahrelang hatte sie mich in Atem gehalten, bis zuletzt hatte sie meine Hoffnung auf einen Ausnahmekeiler im eigenen Revier glimmen lassen, stets hatte sie Können und Größe gezeigt.

Leichter und übersichtlicher wird die Saujagd, wenn das Getreide abgemacht ist. Magnetisch zieht es die Sauen dann die ersten paar Tage auf die Getreidestoppeln. Das Wild scheint in dieser relativ kurzen Zeit jedwede Vorsicht verloren zu haben. Schon kurz nach Einbruch der Dunkelheit zieht es die Rotten auf die Felder hinaus und dort stehen sie dann stundenlang – wenn es nicht vorher knallt – und suchen die vom Maisdrescher verschmähten einzelnen Getreidekörner. Dass und wie das Schwarzwild diese zwischen die Getreidestoppeln gefallenen Körner im Dunkeln einzeln aufnimmt, ist schon phänomenal. Allein diese ihre Selektion widerlegt doch eindeutig den voreiligen Eindruck, beim Schwarzwild habe man es mit plumpen und groben Gesellen zu tun. Auch die zahlreichen Mäusenester, die im Schutz der hohen Halme entstanden waren, werden jetzt ausgegraben und geplündert. Man kann in aller Ruhe die einzelnen Tiere ansprechen, jetzt ist auch eine Entscheidung, ob Frischlinge schon schussreif sind, jederzeit möglich. Man braucht für so eine Stoppeljagd nicht einmal den Mond, die abgeernteten Schläge leuchten hell wie Schnee und die dunklen Sauen heben sich deutlich darauf ab.

Um diese Zeit ernten wir in meinem Revier die meisten Sauen des Jahres. Unglücklicherweise sind sie aber um diese Zeit am schwersten zu verkaufen. Viele Leute sind schon im Urlaub oder ihre Reise steht kurz davor, Gaststätten und Restaurants haben Sommerferien oder bringen Wild in den heißen Tagen gar nicht erst auf die Speisekarte. Manchmal komme ich mir buchstäblich wie ein Bettler vor, wenn ich die lange Telefonliste unserer ständigen Abnehmer vergeblich durchtelefoniere. Es gibt doch überhaupt nichts Besseres als frisches Wildbret, aber die Verbraucher sind da wohl im Sommer anderer Meinung.

Oft bleibt daher nichts anderes übrig, als die gestreckten Sauen zu verwursten. Hat man einen tüchtigen guten Metzger, der zu akzeptablen Preisen Wurst und Wildschweinschinken macht, geht das gerade noch.

Zuhause ergibt sich dann allerdings das Problem, wohin mit den vielen Würsten? Sie müssen trocken hängen und dürfen sich nicht berühren, sonst kommt Schimmel auf. Meine letzte Rettung zuhause war immer die Wäschespinne meiner Frau, sie trug auch etwas zweckentfremdet große Mengen von Würsten, bis sie einmal unter der Wurstlast zusammenbrach. Ich musste umgehend ein neues Gerät kaufen und erhielt danach striktes Wurstaufhängverbot.

Allzu lange suchen die Sauen die Stoppelfelder nicht auf, diese werden mit der Zeit für sie uninteressant. Oft schälen die Landwirte auch gleich nach dem Dreschen die Schläge sofort um und säen Zwischenfrucht oder Raps darauf. Hier zahlt sich ein guter und steter Kontakt zu den Bauern aus. Ich bitte nämlich immer in diesen Fällen, ganz bestimmte waldnahe Felder noch zwei Wochen liegen zu lassen, was meine Bauern auch immer tun. Sie sind ja auch daran interessiert, dass möglichst viele Sauen zur Strecke kommen, dann entstehen im Jahr darauf auch keine allzu großen Wildschäden.

Merkwürdigerweise sind die Sauen auf den Stoppelfeldern oft so vertieft in ihrem Sammel- und Aufleseeifer, dass man sie leicht und unschwer dabei angehen kann. Man muss nur den Wind genau beachten und darf nicht gegen die Stoppeln pirschen, weil dabei die Stoppeln zu laut knistern würden. Damit meine ich, dass man in den Fahrspuren der Mähdrescher nur in Fahrtrichtung schleichen darf. Bei ihrer Körnersuche haben die Sauen ihr Haupt ständig tief unten. Die Stoppeln knistern dabei praktisch direkt in die Teller der Sauen hinein mit der Folge, dass das Wild den Schlag dann blitzartig räumt.

Gerade wegen dieses deutlichen Knisterns und Knackens hört man auch schon von Weitem Sauen, wenn sie „stoppeln". Ich spreche da aus jahrzehntelanger Erfahrung. Um diese Jahreszeit bin ich meist infolge laufender Nachtjagdeinsätze völlig übermüdet. Ich schlafe auf dem Ansitz schnell und tief ein, aber mein jagdlich geschultes Gehör reagiert umgehend auf die Knisterfrequenz. Gibt es etwas Schöneres für einen Saujäger, als wenn er Sauen im Anblick hat, wenn er aufwacht und seinen Blick in die Runde schweifen lässt? Man ist blitzartig wach, ein Adrenalinstoß löst den anderen ab. Das merkt auch mein Dackel sofort. Ihn nehme ich immer auf den Hochsitz, er hat die Sauen dann schon längst bemerkt, er wartet jetzt nur noch auf meine Reaktion. Schieße ich von der Kanzel aus oder müssen die Sauen angegangen werden? Im letzteren Fall muss der Hund oben bleiben, er muss ruhig bleiben. Hunde, die winseln oder gar bellen, weil sie nicht mitdürfen, sind bei so einer Jagd nicht zu gebrauchen.

Ich habe schon sehr viele Sauen auf den Stoppelfeldern meines Reviers geschossen. Wenn ich sie angepirscht habe, schieße ich kniend. Der linke Ellbogen ruht aufgestützt auf dem linken Oberschenkel, das gibt eine einigermaßen ruhige Schussposition. Natürlich lassen Jagdfieber und Aufregung das Absehen noch genügend tanzen, besonders bei kleineren Frischlingen hüpft das Zielkreuz dabei immer auch noch auf dem Wildkörper herum und auch über denselben hinaus, aber Fehlschüsse sind da doch mehr als selten, zumal man ja nahe an die Rotten herankommt, zumindest wenn man sie im Schutz deckender Nachbarfelder wie zum Beispiel Rüben und Mais anpirschen kann. Ich gebe aber gerne zu, dass hier die Benutzung eines Pirschstockes sinnvoller wäre, künftige Jäger mögen das zur Kenntnis nehmen.

Manchmal kann man auch eine leichte, doch stete Marschrichtung der schwarzen, auf den Stoppeln oft sommerhellgrauen Sauen feststellen, dann lohnen sich auch die weitesten Umwege, um den Sauen den Weg abzuschneiden. In diesem Fall kommen die Sauen oft auf einen zu, sie nuscheln sich näher und näher und man hat genügend Zeit zur Auswahl. Zu lange darf man aber dabei auch nicht warten, denn dann sind sie urplötzlich ganz nahe vor einem, es wird hektisch und das wirkt sich auch auf den Erfolg nicht gut aus.

Näher als 15 bis 20 Meter sollte man die Sauen im offen Feld nicht kommen lassen, sonst kann die Sache leicht schiefgehen, man wird entdeckt, alles rumpelt durcheinander und an eine sorgfältige Auswahl, ja an einen sicheren Schuss auf ein einzelnes Stück ist dann nicht mehr zu denken.

Bedeutend schwieriger sind Einzelstücke anzugehen. Sie stehen nicht im allgemeinen Knistern und Wuffen der Rotte, sie unterbrechen auch viel öfter ihre Körnersuche. Wenn sie dann mucksmäuschenstill stehen, nehmen sie jedes Geräusch, und sei es auch noch so leise, auf dem Acker wahr. Sauen wissen ja ganz genau, dass Stoppeln von sich aus nicht knistern, Sauen sind viel schlauer als mancher noch unbedarfte Waidmann denkt.

Bei einer solchen Sommerjagd muss man ganz einfach mit den Sauen denken, man muss sich in ihre Lage versetzen, nur dann weiß man, wie sie reagieren, was man ihnen noch zumuten kann und was man besser unterlässt.

Das ist ja das Aufregende an der Saujagd, dieses Wild fordert wie keine andere Wildart den firmen Jäger, es zwingt ihn, seine Verhaltens- und Lebensweise zu erkennen und diese sich anzueignen. Rotwild steht herum, bietet meist ein großes und ruhiges Ziel, Rehwild kann nur sehr schwer angepirscht werden, auf Freiflächen so gut wie überhaupt nicht. Auch Füchse haben einen meist sehr schnell weg, wenn man sie angehen will, aber Sauen anzugehen reizt den Jäger nicht ohne Grund. Hier ist eine erfolgreiche Anpirsch möglich, wenn der Jäger etwas taugt.

Wenn viel Schwarzwild im Revier ist, kann man in solchen Sommernächten manchmal auf mehrere Sauen zu Schuss kommen, denn da ist die ganze Nacht Betrieb auf den Feldern.

Ich beschoss vor ein paar Jahren einmal ein Stück aus einer größeren Überläuferrotte. Der schwarze Spuk verschwand nach dem Schuss blitzartig im Waldschatten, auf den Stoppeln lag keine Sau. Ich hatte aber Kugelschlag gehört und war mir meiner Sache eigentlich sicher. Das Stück musste schnell gefunden und versorgt werden, sollte es nicht verhitzen. Ich holte meinen Dackel vom fernen Hochsitz. Er hatte natürlich alles genau beobachtet und wusste Bescheid. Eigentlich ist es nicht ratsam, den Hund gleich nach dem Schuss anzusetzen, schon gar nicht, wenn um den Anschuss herum noch etliche weitere Sauen gestanden haben. Körner aufnehmende Sauen fahren mit ihren Scheiben ja wie Staubsauger über den Boden. Für eine feine Hundenase herrscht dort 15 Minuten nach dem Schuss noch ein wahres Witterungsinferno, das ist doch verständlich.

Damals half mir mein Mirko, ein jagdlich absolut firmer Rauhaardackel. Firm war der schon, aber auch sehr passioniert und ewig fährtentreu. Ich halste ihn an die Schweißleine und ließ ihn dort einbögeln, wo die Sauen vor Kurzem noch standen und wo auch der Anschuss sein musste.

Anfangs riss es den Hund am Riemen nur so hin und her, was ja auch kein Wunder war. Ein erfahrener und wie gesagt schon firmer Hund weiß aber von Anfang an, dass er Schweißwitterung finden muss. Wenn er dabei nicht gleich fündig wird, zieht er weitere Kreise und auf einmal wird der Riemen stramm, der Hund hat die Wundfährte und zieht darauf ab.

Ich scheue mich wirklich nicht, meine Sommernachtnachsuchenpraktik hier wiederzugeben. Schweißhundführer billigen mein Tun vielleicht nicht ganz, aber auch ihnen ist die Notwendigkeit einer möglichst schnellen Nachsuche im Hochsommer bekannt. Bis man einen Schweißhundführer nachts am Telefon hat, bis er sich anzieht und zur Nachsuche fertig macht und bis er letztlich am Tatort erscheint, ist das Stück schon verhitzt und man kann es eingraben. Ich möchte nicht wissen, wie viele Stücke bei solchen Nachsuchen im Sommer verworfen werden müssen. Meine Dackel haben mir aber immer geholfen.

Auch in diesem Fall führte mich mein Mirko noch im Stoppelfeld, aber unmittelbar am Waldrand zum längst verendeten Überläufer. Wie es der Teufel manchmal will, hatte ich mein Aufbruchmesser im Auto gelassen, das ich jetzt holen musste. Mirko zauste und zerrte knurrend am Stück. Ich wollte ihm die Finderfreude noch eine Weile lassen, wickelte den Schweißriemen mehrfach um einen Hinterlauf der Sau, damit der Hund nicht weg konnte. Er wusste natürlich längst, dass sich noch etliche andere Sauen auf den Stoppeln aufgehalten hatten und nach denen stand sein Sinn. Ich kannte ja meinen Jagdhelfer. Einer zünftigen Sauhetze im dunklen Forst war er niemals abgetan. Deshalb band ich ihn ja auch an den Hinterlauf des Überläufers. Als ich wieder zum Stück kam, war der Hund fort. Fort war auch der lange Schweißriemen!

Noch während ich den Überläufer aufbrach, hörte ich weit und tief drinnen im Forst den Hetzlaut meines Hundes. Das mochte ja gut werden, die restliche Nacht war versaut, das war gewiss. Pfeifen und Rufen hatte keinen Sinn, der Hund war in seinem ureigensten Element, dem Hetzen von Sauen. Hätte er meine Pfiffe tatsächlich gehört, hätte er mir ohnehin etwas gepfiffen, gekommen wäre er nicht. Der Hund bellte schon so weit entfernt, dass es keinen Sinn mehr machte, ihm zu folgen. Ich verlud daher das Stück und brachte es in das Kühlhaus am Jagdhaus. Dann legte ich mich ins Bett in der Hoffnung, dass für mich noch eine Mütze Schlaf abfallen würde. Aber welcher Jäger kann schon schlafen, wenn sein Hund nicht zurück ist, wenn er zudem mit dem ganzen Schweißriemen abgehauen ist? Ich wälzte mich unruhig und auch wütend auf meinen Hund hin und her. Gleichzeitig machte ich mir natürlich Vorwürfe, dass ich so leichtsinnig war, den Hund nur locker an dem Hinterlauf des Überläufers befestigt zu haben. Eigentlich hätte ich diesem Hund bei dieser Gelegenheit alle vier Läufe zusammenbinden müssen, nur so hätte ich ihn von einer Weiterjagd abhalten können. Er hatte mir schon öfters Leinen einfach durchgebissen und war dann vorübergehend weg. Die Jagdpassion und die Energie meines Dackels standen weit überproportional zu seiner Größe.

Verkrampft und verkatert quälte ich mich am nächsten Morgen aus meinem Bett und machte mich auf, meinen Hund zu suchen. Das mochte ja lustig werden, im Büro warteten überdies Gerichtstermine! Als ich zu meinem Auto kam, das in der Auffahrt zu meinem Jagdhaus unter den Kastanien stand, kam, was soll ich Ihnen sagen, mein Hund gerade um die Ecke, hinter ihm schleifte der lange, völlig verdreckte Schweißriemen! Zum Glück war dieser Riemen am Ende offen und hatte keine Schlaufe, sonst hätte sich der Hund mit Sicherheit irgendwo im tiefen Wald festgelaufen.

Ich trug den Hund zur Sitzbank vor meinem Jagdhaus. Dort saß er dann auf meinen Knien. Er war sichtlich um Wiedergutmachung bemüht und erzählte mir ausführlich seine Erlebnisse der Nacht. Leider habe ich nicht alles verstanden.

Nach den Getreidestoppeln geht die Wildschadensabwehrschlacht – heute kann man von einem einfachen Kampf schon lange nicht mehr sprechen – nahtlos in die viel schlimmere Maisphase über. Eichelmast hin, Buchmast her, ich bin mir sicher, für unsere Sauen kommt jetzt die köstlichste Zeit des Jahres. Mit einer Wollust ohnegleichen brechen sie die dicksten Maisstängel nieder und beißen in die heruntergerissenen Kolben, dass ihnen die Maismilch in die Lichter spritzt. Größere Rotten tun sich jetzt keinen Zwang mehr an, im hohen Mais fühlen sie sich absolut sicher. Schon von Weitem hört dann debesorgt anpirschende Jäger, dass wieder ein großes wildes Gelage im Mais zugange ist. Wie Pistolenschüsse knallen brechende Stängel, dumpfe Aufschläge der milchschweren Kolben auf den Ackerböden künden von der Vollendung des Schadens.

Wenn ein Jagdpächter so draußen am Mais steht und lauscht, kann er unschwer mitzählen, wie viele Maisstauden gefällt werden. Sitzt man über dem Mais, sieht man die Rispen im Glase wackeln und zittern und die Löcher im Feld werden von Stunde zu Stunde größer. Was sich die Sauen da erlauben, ist schon einmalig. Hier zahlen sie es dem Jagdpächter, der ihrer Sippe sonst großes Leid zufügt, einmal gründlich heim. Dieser kann oft nur noch betröppelt am nächsten Tag die Spuren der nächtlichen Orgien betrachten. Herumliegende Maisstängel, halb, ja oft nur kurz angebissene Kolben, an denen sich jetzt kleine Fruchtfliegen gütlich tun, dazwischen Losung aller Kaliber, flüchtige Kessel, in denen zwischenzeitlich verdaut wurde, Fährten über Fährten. Es riecht wie in einem Saustall und so sieht es auch aus.

Übrigens, wenn Fliegen an den angefressenen Kolben auffliegen, wenn man darüber steigt, ist das auch für einen etwas unerfahrenen Jäger ein ganz sicheres Zeichen, dass der Schaden in der letzten Nacht erst eingetreten ist.

Wenn die Milch in die täglich dicker werdenden Maiskolben einschießt, ist regelmäßiges Abfährten der Äcker angesagt. Die Sauen kommen nicht allmählich, sie sind dann alle auf einmal da.

Oftmals ist auch im Innern des Ackers viel zwischen den Zeilen gebrochen, aber es liegen noch keine abgebissenen oder niedergedrückten Stängel herum. Das lässt darauf schließen, dass führungslose Frischlinge im Mais stecken, denen die Kraft fehlt, die dicken harten Maisstängel knapp über dem Wurzelkranz abzubeißen. Versuchen Sie einmal die Stängel dort abzubrechen und Sie werden sehen, dass dafür ein gehöriger Kraftaufwand nötig ist!

Im Mais ist dem Schwarzwild schwer beizukommen. Mein Sohn Max kriecht die Sauen gegen den Wind an und schießt auf Nahkampfentfernung Frischlinge. Letztere lockt er auch durch gekonntes Grunzen und Quieken immer wieder bis an seine Stiefelspitzen heran. Manchmal kann man sich auch mitten in den Mais an den Rand größerer Totalschadensflächen mit einem Stühlchen setzen. Irgendwann kommt schon ein Kujel vorbei, vorausgesetzt, die Leitbache hat nicht vorher schon vom Ansitzjäger Wind bekommen. Sauen sind in ihrem Fressrausch überhaupt nicht gefährlich, aber es gehört trotzdem Mut dazu, ruhig sitzen zu bleiben, wenn sich ringsum die abgebissenen Stängel in die kleine Freifläche neigen.

Erst vor ein paar Tagen – wir schreiben heute den 07. September 2010 – hatte ich ein so bezeichnendes Zusammentreffen mit Sauen im Mais. Ich hatte etwa vierzig Meter vor meiner Kanzel im „Grauen Wolf" eine kleine Freifläche von etwa vierzig Quadratmetern gebrochen, auf der ich den Sauen alte Maiskolben des Vorjahres anbot. Die neuen Kolben waren noch nicht so weit. Diese Fläche konnte man von der Kanzel aus einsehen, allerdings schatteten die umliegenden Stängel den Platz sehr ein. Trotzdem hielt ich an diesem, meinem Erstversuch dieser Art, hartnäckig fest. Täglich kontrollierte ich den Platz und konnte bald feststellen, dass sich die Sauen darauf eingespielt hatten. Ungeduldigen Waidgenossen sei gesagt, dass Ansitze an allen Lockstellen erst sinnvoll werden, wenn diese regelmäßig aufgesucht werden. Manche Jäger werfen nachmittags ein paar Hände voll Mais vor ihren Ansitzplatz und setzen sich dann abends schon an. Sie wundern sich dann auch noch, wenn sich die ganze Nacht über nichts tut. Sauen kontrollieren in einem regelmäßigen Turnus ihr weites Revier. Wo sie einmal Delikates gefunden haben oder richtig satt geworden sind, kehren sie wieder. Leitbachen vor allem haben da ein geradezu unglaubliches Speichergedächtnis. Gleiches gilt für Füchse, Luderplätze duften für die feinen Fuchsnasen noch Monate, ja jahrelang. Reineke kommt an solchen Stellen immer wieder vorbei, wenn er gerade in der Nähe ist. Er setzt seine Losung auf den Platz oder nässt und bekundet so seine Anwartschaft. Woher ich das weiß? Mein Dackel zeigt mir das, denn er handelt genauso. Dort, wo der Rote nachts markierte, macht der Dackel seinen Besitzanspruch tagsüber geltend. Mit seinen Spritzern droht er dem verhassten Stinker, das ist ein klassischer Briefwechsel auf einem etwas tieferen Niveau. Dazu brauchen die Kontrahenten keine Einschreiben und Zustellungen, sie handeln gleich selbst und nachhaltig.

Nun zurück zu meinem Minikirrplatz im Mais. Wie gesagt, immer wenn ich im Revier war und das war sehr zum Leidwesen meiner lieben Frau fast täglich, kontrollierte ich dort. Vor allem die Fährten waren mir wichtig, sie nur entscheiden über einen Ansitz vor Ort. Bei den Kontrollen schob ich mich vom Kanzelfuß aus zum Freiplatz vor. Da ich keinen Trampelpfad anlegen wollte, bog ich beim Hingehen einfach die schon sehr hohen, aber noch biegsamen Stängel einfach auseinander und zwängte mich durch.

Als ich am besagten Morgen, die Sonne hatte schon ihren roten Morgenmantel abgelegt, den letzten Maisfilter auseinanderbog, sickerten just in diesem Augenblick genau gegenüber die ersten Sauen auf dieser Freifläche ein. Ich ließ den grünen Vorhang vorsichtig sofort wieder zufallen und turnte rückwärts zurück zur Kanzel. Die Vorhut der Sauen, ein paar starke Frischlinge von etwa 25 kg und ein Überläufer, hatten schon etwas gemerkt, aber sie wussten doch nicht genau, was da los war. Man zog sich zur kurzen Beratung in den deckenden Mais zurück. Mancher wird nun sagen, das gibt es doch nicht, dass Sauen auf eine Entfernung von fünf Metern den Jäger nicht erkennen oder wittern. Denen sei entgegengehalten, dass sich die Begegnung am frühen Morgen und im hohen Mais abspielte. Um diese Zeit zieht die Rotte müde und satt kesselwärts. Wenn sich unterwegs noch Leckerbissen anbieten, werden sie mitgenommen, aber Hunger bestimmt um diese Zeit nicht mehr das Handeln der Sauen.

Wäre diese Begegnung abends erfolgt, wäre sie mit Sicherheit ganz anders verlaufen. Nach dem Aufbruch aus dem Kessel sind die Sauen äußerst wachsam und vorsichtig, die Leitbachen oder auch einzelne Keiler, ja jeder Überläufer, verhoffen abends alle paar Gänge und prüfen das Vorfeld, das immer gegen den Wind angegangen wird. Ein zarter, verräterischer Windhauch und die Sauen machen blitzschnell kehrt und beraten in sicherer Deckung eine andere bessere Route.

So schnell ich nur konnte, lief ich von der Kanzel aus Pirschpfad entlang zu meinem Auto und holte mir dort meine Waffe heraus. Aufgrund der trägen Reaktion der Vorläufer dieser Rotte rechnete ich mir noch eine Schusschance aus. Die kam auch. Schon beim Ersteigen der Leiter sah ich mehrere hellgraue und braune Rücken auf der Freifläche. Der Einstieg in die Kanzel war völlig unproblematisch, weil der Wind passte und weil sich die Sauen sicher fühlten. Auf dem Minikirrplatz nuschelten fünf Schwarzkittel in den Kolben herum, aber auch im weiten Rund zitterten überall die hohen Maisrispen, die Gesellschaft war also weitaus größer, nur hatte es der Rest der Rotte nicht eilig.

Kommt so eine Partie von beispielsweise zwanzig Sauen abends zum Futter, sieht die Sache ganz anders aus. Nach längerem und nachhaltigem Sichern in guter Deckung stürzen sich die Sauen regelrecht auf das Futter, jedes Stück ist dabei wild erpicht, seinen oder auch nur einen Anteil vom Warenangebot zu ergattern. Es wird geschoben und gedrängt, es wird geknufft und gebissen. Helles, lautes Aufgrunzen vermischt sich mit tiefem zufriedenem Grunzen, mit dem sich die Tafelnden unterhalten.

Morgens sind die Sauen wie gesagt satt und müde, sie sind sichtlich zu faul zu jedweder Unterhaltung. So wirkte das Auftauchen und das Verhalten dieser Rotte für mich als Saujäger geradezu gespenstisch lautlos.

In aller Ruhe konnte ich mir einen kräftigen Frischlingskeiler aussuchen, seinen Pinsel sah ich ja im Morgenlicht überdeutlich. Im Schuss kippte er um und seine Gefährten wufften weg, aber gar nicht so weit. Die Maisrispen zeigten mir wieder, dass man sich noch nicht über das weitere Vorgehen einig war, man traf sich, andere Sauen kreisten die Stelle in der sicheren Deckung ein, um so zu erfahren, was da überhaupt los war. Wenn mich das Büro nicht benötigt hätte, wäre ich noch sitzen geblieben, ich denke, meine zweite Chance wäre gekommen.

Dieses Erlebnis mag Ihnen zeigen, dass Sauen nicht gleich gefährlich sind, wenn man ganz nahe auf sie trifft. Sie haben nur generell etwas Drohendes an sich, von dem sich Jungjäger und auch ältere Waidgenossen, die nicht täglich mit ihnen zu tun haben oder zusammenkommen, beeinflussen lassen.

Sauen sind liebenswerte, lustige Gesellen, die dem Jäger viel Freude im Revier machen. Draußen in den Feldern können sie ihn aber auch zur Weißglut bringen, aber auch das ist so bezeichnend für sie. Keine andere Wildart beeinflusst so die Gefühlswelt eines Waidmanns.

Deshalb wiederhole ich, Ansitze auf ebener Erde im absoluten Nahbereich der Sauen sind nicht gefährlich. Anders allerdings mag es in der Rauschzeit aussehen, aber da sind ja die Felder längst leer und Wildschadensverhütung ist kein Motiv mehr für die Jagd im November und Dezember.

Wenn die Sauen einmal im Milchmais sind, nehmen sie so gut wie keine andere Nahrung mehr auf. Nur wenn sie abends längere Anmarschwege haben und aus dem Wald kommen, drehen sie ab und an dort schon einmal das Laub um oder lupfen eine Grasnarbe weg. Öffnet man nach dem Aufbrechen den Pansen einer Maissau, so kommt einem köstlich gelber Maisbrei entgegen. Dieser Mageninhalt schaut so appetitlich aus, dass ich schon seit Langem vorhabe, daraus einen Polentakuchen für meine Freunde zu backen. Ich bin sehr gespannt, was sie zu dieser Überraschung sagen werden. Es gibt ja immer selbst ernannte Gourmets, die unangreifbare Urteile zu Schlemmeressen abgeben.

Auch meine Hühner, die ich zum Ausbrüten von Fasaneneiern halte, stürzen sich immer wild auf so einen für sie geöffneten Pansen, für sie ist so ein vorgekauter und im Pansen schon aufgeweichter Mais die allerhöchste Delikatesse.

Nach dem Motto: „Einbildung ist auch eine Bildung", muss ich hier eine kleine Geschichte einfügen, die dafür bezeichnend ist.

Als meine Bauern noch die Ställe voller Ferkel hatten, die sie mästeten, gaben sie mir, dem Jagdpächter, immer solche Exemplare, die dem rasanten Wuchs ihrer Geschwister in den Koben nicht folgen konnten und zurückblieben. Diese Spanferkel brachte ich dann zu meinem Freund Dieter, der eine Konditorei in Bad Homburg betreibt. Er buk sie dann im großen Backofen für unseren Jägerstammtisch. Dort wurden dann die herrlich gebratenen Spanferkel an einem langen, meist auch etwas feuchten Abend verputzt.

Wenn sich kein aktueller Anlass ergab, fror ich so ein Ferkel auch vorübergehend erst einmal ein. Bei der Leerung und Auftauung einer unserer Tiefkühltruhen tauchte plötzlich ganz unten so ein Schweinchen neben anderen Exponaten wie Greifen, Schnepfen und dergleichen auf. Meine Frau freut sich immer ganz besonders über solche Funde in ihrer Truhe, zwei tiefgefrorene Fuchsbälge hat sie mir einmal aus lauter Freude nachgeworfen!

Im vorliegenden Fall war die Plastiktüte, in der das Schweinchen steckte, wahrscheinlich infolge des häufigen Herumrangierens in der Truhe seitlich aufgeplatzt mit dem Resultat, dass sich ein brauner Gefrierbrand auf einem Teil der weißen Schwarte festgesetzt hatte. Wegwerfen wollte ich das Stück, das nun schon ein paar Jahre in unserer Truhe geruht hatte, auch nicht gleich, so brachte ich es zu Dieter. Er hatte keine Bedenken, das Stück zu braten. Ein Versuch lohnte in jedem Falle. Beim nächsten Stammtisch wurde zur Überraschung aller ein wunderschön braun gebranntes Spanferkel aufgetischt und wie immer fraßen sich die Waidgenossen sofort am Braten fest. Es wurde still in der Runde, manchmal hörte man verhaltenes Schmatzen, alle waren hochbegeistert und zufrieden. Unser selbsternannter Gourmet Wilhelm resümierte nach dem Essen wie folgt: „Es geht eben nichts über ein frisch geschlachtetes Spanferkel!"

Seit langer Zeit habe ich es mir zur Gewohnheit gemacht, immer den Pansen einer Sau zu öffnen und dessen Inhalt zu überprüfen. So erfährt man nachträglich oft ganz interessante Details über den oder die letzten Tage des Stücks. Ist beispielsweise nur Buchen- oder Eichelbrei im Magen, zeigt dies, dass sich die Sauen jetzt der Mast im Wald zugewandt haben. Man kann aufatmen, die Maisschläge werden fortan verschont. Sind auffallend viele Würmer im Magen – ich schoss einmal einen Überläufer waidwund, da lag am Anschuss schon ein ganzes Knäuel Würmer – ist es höchste Zeit nach den Wiesen zu sehen, denn dort finden die Sauen diese Eiweißnahrung, die sie zur Kompensation der säurereichen Waldmast haben müssen. Einmal fand ich den Pansen voll mit dunkelgrünem Klee. Der Ansitz am Kleeacker brachte mir kurz darauf zwei Überläufer.

Findet sich mitten im Winter klein gebissener, gelber Mais im Magen und manchmal auch noch im Gebrech, dann kirrt der freundliche Nachbar in Grenznähe oder man hat es einmal wieder selbst etwas übertrieben damit. In diesem Falle sollte man langsamer tun, denn auch mancher Nachbar ist ein geübter Pansenforscher!

Was kann man unternehmen, um die Sauen, die zum Mais kommen, wirkungsvoll zu bejagen? Manche Landwirte lassen bereitwillig breite Schneisen im Mais für die Bejagung frei. Auf diesen Schneisen kann dann noch Sommerweizen eingesät werden. Stehen die Sauen dort, kann man sie ganz leicht schießen. Nach den ersten Schüssen meiden Sauen dann meist eine Zeit lang den Acker. Dies gibt dem Mais Zeit zur weiteren Reife. Oft beginnen dann schon die Maisjagden mit Hundemeuten. Diese Jagden sind für Mensch und Tier gefährlich und sollten wenn irgend möglich unterlassen werden.

Ist der Schlag nicht zu groß, kann er in Schützenlinie ohne Hunde durchgekämmt werden.

In jeder dritten Reihe muss ein Schütze gehen, alle Jäger müssen alle zehn Meter stehen bleiben. Sie müssen sich hinknien und unten die Reihen entlang schauen.

Sauen flüchten nicht kopflos in solchen Fällen. Ja, sie nähern sich sogar manchmal der Schützenreihe, um zu sehen, was da vorgeht. Ein solches Vorgehen hat den Vorteil, dass das Wild im Verhoffen beschossen werden kann und dass man keine Mitjäger gefährdet, diese stehen ja in derselben Reihe. Zu dem Maisschlag muss natürlich das Gelände passen. Gut ist es, wenn ein Jagdteilnehmer ohne Waffe weit seitlich vorsteht und rechtzeitig die Jäger im Mais warnt, wenn Leute, Autos oder Pferde das Feld passieren. Auch, wenn Spaziergänger oder Landwirte mit ihren Fahrzeugen mehrere hundert Meter hinter dem Ackerende vorbeiziehen, darf auf keinen Fall geschossen werden.

Ich halte diese Bejagungsmethode für wirkungsvoller als eine Meutejagd im Mais. Probieren Sie es einmal, Sie werden mir Recht geben.

Die Schläge dürfen nur nicht zu groß sein, denn dann funktioniert das nicht. Die Sauen können lange ausweichen und die Schützen machen irgendwann schlapp, zumal, wenn sie lange Zeit kein Schwarzwild sichten.

Sauen brechen manchmal auch an den Rändern der Felder die Pflanzen nieder, warum weiß ich nicht. Diese Marotte der Schädiger mache ich mir schon längere Zeit zu eigen, indem ich selber längere Randstreifen meiner Maisäcker nach außen umdrücke. Besonders Frischlinge nehmen die liegenden Kolben gerne an – sie müssen da nicht warten, bis ihnen die Bache Kolben zu Boden reißt – und sind dann von der nahen Kanzel aus leicht zu schießen.

Fairerweise muss ich den heutigen Sauen, die alljährlich marodierend durch mein Revier ziehen, auch bestätigen, dass sich ihr Verhalten schon etwas gebessert hat. Ihre Vor-vor-vor-Generationen verursachten schon im Frühjahr und im Frühsommer gewaltige Schäden. Kaum waren die Kartoffeln gelegt, holte sie das Schwarzwild auch schon wieder heraus. Die Sauen drangsalierten damals die Kartoffelschläge regelmäßig bis zur Reife. Am wirkungsvollsten schädigten sie natürlich, wenn sie schon die einzelnen Saatkartoffeln wieder herausholten. Später, im hohen blühenden Kartoffelkraut waren sie weiterhin zugange, man konnte sie nur nicht mehr sehen. Noch heute sehe ich manchmal nachts in immer wiederkehrenden Albträumen die weißen, hell leuchtenden Kartoffelblüten in den nachtdunklen Äckern herumwackeln, wenn sich die Sauen an den Stöcken zu schaffen machten.

Bevorzugt suchten damals die Sauen die Reifegruppen der mittelfrühen Speisesorten, vor allem die Grandifolia und die Hansakartoffeln auf. Wer will, dass sich auf seinen Wildäckern schon Sauen sehr zeitig einfinden, muss diese beiden Sorten pflanzen. Inzwischen hat die Landwirtschaft reagiert, es werden andere neu entwickelte Kartoffelsorten verwendet und diese sagen dem Schwarzwild Gott sei Dank nicht zu.

Zu meinen Anfangszeiten gingen die Sauen auch ganz gewaltig in den jungen Zuckerrübenschlägen zu Schaden, besonders in trockenen Jahren. Sie zogen dabei die jungen kaum fingerdicken Pflänzchen einfach heraus und bissen die Rüben ab. Das hatte verheerende Schaubilder in den Äckern zur Folge. Flächenweit waren dann die Rüben herausgezogen und welkes junges Blattwerk kündete die traurige Situation schon von Weitem. Da konnte man als Jagdpächter nichts mehr vertuschen, die Schäden waren einfach zu großflächig.

Im ersten Jahr meiner Pacht machte mich damals ein Bauer überhaupt erst auf einen solchen Schaden in seinem waldnahen Acker aufmerksam. Mich traf fast der Schlag, als ich sah, wie es dort ausschaute. Unverzüglich fuhr ich nach Wertheim und erstand dort einen transportablen „leicht aufzustellenden" Leitersitz. Zur Verstärkung hatte ich meine Frau mitgenommen, ihr versprach ich eine kleine schöne Reise, verschwieg ihr aber, dass sie mir beim Aufstellen der Leiter helfen sollte. Dies tat sie dann auch vor Ort, das heißt, mitten im Rübenschlag. Meine Frau hielt sich dabei vernünftigerweise genau an die wie immer in solchen Fällen unverständliche Gebrauchsanweisung. Wir passten so schnell es ging Querstangen ein und verschraubten Stangenkreuze, mussten aber nach einer Weile wieder alles rückgängig machen, weil es so nicht stimmen konnte. Ich kam mehr und mehr in Hektik, die Leiter musste ja zum Einbruch der Dunkelheit stehen. Sie stand dann auch, aber meine liebe Frau sprach danach eine ganze Woche lang kein Wort mehr mit mir.

Sauen können durchaus auch das Privat- und vor allem das Eheleben eines sauverrückten Jägers beeinflussen. Ich habe schon einige Jagdkameraden bei Scheidungen vertreten, bei denen die Überpassion des Partners eine entscheidende Rolle gespielt hat.

Irgendwie muss die landwirtschaftliche Forschung aber auch dieses Problem in den Griff bekommen haben, denn heute zieht keine Sau auch nur ein Rübenpflänzchen mehr aus den großen Schlägen. Die Schädigungen haben aber zwischenzeitlich die Hasen übernommen, sie beißen an den jungen Rüben das Blattwerk ab, um so besser die Pflanzen annagen zu können. Unglücklicherweise bevorzugen die Hasen bei ihrem schädlichen Tun immer die Ackerränder, sodass der Schaden gleich jeweils ins Auge fällt. Auch Hasen können sehr hinterhältig sein. Wie oft schon habe ich zur Verbesserung der Ackeroptik körbeweise abgestorbene und verwelkte Rübenblätter in den frühen Morgenstunden eingesammelt und verschwinden lassen.

In meiner Anfangspachtzeit gab es auch in frisch gesäten Maisschlägen viel Schaden. Die Sauen wühlten dabei den Saatacker nicht etwa kreuz und quer auf bei der Suche nach den einzelnen Körnern, nein, sie zogen die Saatreihen schnurgerade nach und lieferten so den Beweis für ihren überragenden Geruchssinn.

In meinem ersten Pachtjahr lud ich am 16. Juni, dem Aufgang der Sauen aller Stärken, mehrere Freunde zum Ansitz ein. Wir waren damals alle heiß und jung und deshalb war Ansitz bis zum Morgengrauen angesagt. Die Ansitzjäger hatte ich jeweils an einem kurz zuvor eingesäten Maisacker, der nächtliche Besuche verriet, platziert. Wenn ich mich recht erinnere, schossen wir bei diesem ersten Ansitz acht Sauen. Die Ziele waren in der hellen Nacht leicht auszumachen und zu treffen, denn alle Sauen standen einzeln in ihren Reichen und konzentrierten sich auf die jeweilige Maiskornfolge. Wenn Sauen wild durcheinander fahren, sich beißen und abschlagen, dann hat es der Jäger ungleich schwerer.

Nach diesem Ansitz sagte mein Freund Dieter: „Geb sofort die Jagd wieder ab, du verlierst net nur Hosen und Strümpf, du verlierst mit dieser Jagd auch Haus und Hof!" Dabei erzählte er mir, der damals auch schon wildschadensgeplagter Jagdpächter war, er habe in dieser Nacht in aller Ruhe beobachten können, wie Sauen so einen Maisschaden verursachen. Er hatte drei Überläufer vor, die mehrfach ackeraufwärts und ackerabwärts die Saatreihen bearbeiteten. Er war damals der Einzige, der keine Sau schoss, dafür bekam er aber von mir einiges zu hören.

Dieses Schadensproblem bekam ich aber relativ schnell dadurch in Griff, dass ich meinen Bauern das Beizmittel „Mesurol" zur Verfügung stellte. Die gebeizten, lila Maiskörner mochten die Sauen nicht und sie ließen fortan die Saatfelder vollkommen in Ruhe. Auch Krähen und Fasane, die sich vorher ebenfalls am Auffressen der Aussaat eifrig beteiligten, verschmähten diesen gebeizten Mais.

Vor einigen Jahren wurde in meiner Jagd einmal eine Probemaisfläche angelegt. Ich glaube, eine Saatzuchtfirma war da zugange. Jedenfalls wurden jeweils fünf Meter breite Reihen mit verschiedenen Maissorten gesät. Tafeln am Kopfende zeigten die dabei verwendeten Maissorten auf. Leider habe ich mir damals keine Notizen gemacht, sie hätten wahrscheinlich sehr geholfen.

Als dieser Versuchsmais in die Milchreife kam, stellten sich natürlich prompt die örtlichen Schwarzkittel ein. Sie machten aber dabei nur einige, bei Weitem nicht alle Reihen nieder. Manche Reihe wurde total geschädigt, eine andere Reihe blieb vollkommen stehen. Sauen differenzieren also auch beim Mais sehr sorgfältig und genau.

So etwa Anfang September, wenn die ersten Hirsche sich für ihr großes Brunftkonzert einstimmen, sind alle Sauen auf einmal verschwunden. Man fährtet zwar die Maisschläge noch ein paar Tage lang wie all die Wochen vorher ab, muss aber feststellen, dass keine nächtlichen Besuche mehr stattgefunden haben. Der Grund ist simpel, aber doch auch etwas erstaunlich: Die ersten Eicheln sind gefallen und die Sauen bleiben im Wald.

Sobald die erste Mast den Waldboden erreicht hat, gehen die Sauen nicht mehr aufs Feld hinaus. Nun brauchen sie den gefahrvollen Anwechsel in die Felder nicht mehr antreten und können im schützenden Waldesdunkel, manchmal sogar mitten in ihren Einständen Mast aufnehmen.

Am liebsten sind den Sauen dabei Waldpartien mit Jungwuchs, in den kluge Forstleute alte Eichen und Buchen als Überhälter stehen ließen. In den schützenden Dickungen aus Buchenrausch und Eichenverjüngung gehen die Sauen danach auch tagsüber ihrer Suche nach. Man braucht eigentlich nur unter diesen Überhältern zu kontrollieren, um herauszufinden, ob Sauen in diesen Beständen stecken, denn dort machen sie am ehesten Tabula rasa. Jäger, die noch nicht so lange auf Sauen jagen und die des genauen Abfährtens noch nicht kundig sind, glauben deshalb, keine Sauen mehr im Revier zu haben, weil dort nicht mehr frisch gebrochen ist. Der Grund dafür ist aber doch einfach, die Sauen brauchen in dieser Zeit gar nicht mehr tief zu brechen, die Waldesfrüchte liegen ja doch offen herum und müssen nur eingesammelt werden. Nur dem Kundigen fallen dann noch die leichten Verschiebungen der früh gefallenen Blätter auf. Später, nach dem Laubfall und vor allem im Winter müssen die Sauen dann wieder tiefer suchen, denn dann liegen die Eicheln und Buchen unter einer hohen Laubschicht verborgen. Besonders in Buchenbeständen schiebt das Schwarzwild das Laub immer wieder hin und her, weil sich immer noch kleine Bucheckern finden lassen. Wenn ich um diese Zeit und auch danach im Dezember und Januar auf Drückjagden in so einem Altbuchenbestand stehe, überprüfe ich immer, ob und wie viele Bucheckern und

Eicheln sich beim Scharren im Laub um meinen Stand herum noch finden lassen. Die Mast ist dann schon etwas aufgequollen und an den Eicheln zeigt sich bereits der lila-rote Keimtrieb. Auch in diesem Frühkeimstadium bilden diese Waldfrüchte eine Delikatesse für das Schwarzwild, ja für alles Schalenwild. Längst werden keine Kirrungen mehr angenommen. Viele Jäger klagen dann, dass die Sauen einfach über die Kirrungen ziehen – man sieht dort ihre Fährten –, ohne auch nur ein Maiskorn aufzunehmen. Sauen sind eben ausgesprochene Feinschmecker und sie wissen instinktiv, was ihr Körper braucht, um genügend Weiß für die Überbrückung der langen äsungsarmen Zeit, die bevorsteht, anzusammeln.

In dieser Zeit entwickeln die Sauen eine ganz erstaunliche Vertrautheit, ja geradezu Sturheit. Mit etwas Glück kann man sie in den Wäldern jetzt auch am Tage sehen, in den späten Vormittagsstunden oder an sonnigen milden Nachmittagen. Die Mast lockt und es ist geradezu unheimlich, was Schwarzwild da vertilgen kann. Sie futtern im wahrsten Sinne rund um die Uhr.

Wenn ich aus meinem Revier spät nach Mitternacht nach Hause nach Frankfurt fahre, stehen an der Autobahnauffahrt regelmäßig um diese Zeit Sauen im Straßengraben und nehmen dort Eicheln auf. Die Autos fahren zwei bis vier Meter an ihnen vorbei, manche Fahrer hupen oder blinken, keine Sau wirft auch nur auf oder unterbricht ihr intensives Brechen. Aber auch keiner der zahlreichen Frischlinge tanzt auf der Fahrbahn herum, das nennt man Rottendisziplin!

Wir Feldrevierinhaber sind jedoch auch jetzt keineswegs ganz aus dem Schneider. Denn jetzt brauchen die Sauen zum Ausgleich dieser starken Kost Eiweiß, sprich Würmer, Larven und Käfer. Man merkt schon im Waldesinneren, wohin die nächste Reise der Schwarzborstigen bald gehen wird. Auf einmal sind die Ränder und, so vorhanden, auch die Mittelstreifen der Waldwege weggeschabt und umgebrochen. Die längere Zeit Unsichtbaren geben jetzt wieder die ersten festen Lebenszeichen.

Jetzt heißt es aufgepasst, regelmäßige Kontrolle, diesmal der Wiesen im Revier, ist wieder angesagt, denn lange begnügen sich die Sauen nicht mit dem noch fast spielerischem Geschiebe entlang der Waldwege.

Ein denkwürdiges Finale

Vor noch gar nicht so langer Zeit stellte ich in meinem Revier überraschenderweise frischen Sauschaden in einer schon hohen Maiwiese fest. Dieser durfte sich auf keinen Fall vergrößern, der erste Schnitt stand bereits unmittelbar bevor. Beizeiten schon trat ich zur Abwehr, gegebenenfalls auch gleich zur Bestrafung an. Gut gedeckt konnte ich von meiner Erlenleiter aus den betroffenen Wieseneinschnitt überblicken.

Das Gras stand sehr hoch, es war wie gesagt schnittreif. Rehwild war, wenn überhaupt, nur von meiner hohen Warte aus zu sehen. Alles Wild genoss diese herrliche Deckung, fühlte sich sicher und blieb oft den ganzen Tag in den Wiesen, auch Sauen. Es war noch früh am Abend, die Sonne stand noch hoch. Ich saß gerne schon um diese frühe Zeit, eine Blumenwiese im Mai kann man gar nicht lange genug genießen. Würden sich die Herrscher der Länder wenigstens einmal im Jahr ein paar Stunden Zeit nehmen und solche Wiesen – oder auch Prärien – auf sich einwirken lassen, gäbe es wahrscheinlich weniger kriegerische Auseinandersetzungen.

So oft ich auch die Rispenebene unter mir ableuchtete, sie blieb leer. Doch plötzlich, es mochte so gegen 19.30 Uhr gewesen sein, überschlugen sich geradezu die Ereignisse. Gute hundert Gänge rechts vor mir, nicht mehr allzu weit vom Kalkofenweg entfernt, auf dem reger Feierabendverkehr herrschte, tauchte plötzlich etwas Dunkelrotes aus dem Halmenmeer auf. Ich griff sofort zum Glas und punktete mich ein. Bald schon bestand nicht mehr der geringste Zweifel, aus der Wiese lugte der üppige rote Haarschopf einer Frau oder eines Mädchens, das dort gelagert haben musste. Meine Augen fest an die Fernrohrlinsen gepresst, blieb mir ob dieser Überraschung regelrecht die Spucke weg. Doch es kam noch besser, und „knibbeldigg“, wie der Hesse sagt.

Auf einmal begann die rote Mähne regelrecht zu wippen, ab und an blitzte ein Jungmädchengesicht auf, sackte aber rhythmisch gleich wieder ins Gras weg. Zweifellos legte das junge Geschöpf dort mitten in der Wiese einen gewaltigen Ritt hin. Aus ihren immer wilderen Schwüngen merkte ich, dass sie einem unsichtbaren Gaul gewaltig die Sporen gab. So reitet man auf einer Zielgeraden, ich kannte dies von der Niederräder Pferderennbahn her. Jetzt wippten auf einmal nicht mehr nur die roten Haare, knapp vor der rechten Schulter des Jockeys wippte irgendetwas mit im Rhythmus, das ich zunächst gar nicht so genau erkennen konnte. Als Jäger mit einem LJV-Abzeichen am Hut ist man ja naiv und so nimmt es nicht Wunder, dass ich es zunächst für eine baumelnde Hundepfeife hielt. Verständlich, dass ich jetzt an der Tiefenschärfe meines Glases das Letzte herauskitzelte. Man konnte ja nicht wissen, wie das Rennen vor mir enden würde. Als Zeuge möchte man in einem solchen Fall ja später eine gute Figur abgeben, das ist ja schon Bürgerspflicht.

Nach längerer Zeit – mein Glas beschlug trotz klarer Abendluft mehrmals – konnte ich das wippende Ding einwandfrei als die linke Brust der Reiterin ansprechen. Mein 10 x 60 Glas brachte mir das Ganze ja geradezu genierlich nahe. Wie bei allen schlanken rothaarigen Damen war die Brust nicht gerade üppig, Zwillinge hätte man damit nicht ernähren können, aber dem unsichtbaren Gaul unter der Reiterin mochte sie durchaus als Ansporn dienen. Dieser wurde jetzt von seiner Reiterin in einer Art und Weise traktiert, die mir klar werden ließ, warum Tierschützer mitunter etwas gegen Pferderennen haben. Mit vollem Recht kann man da schon mitunter von echter Quälerei sprechen. Ob das der Gaul da vorne überhaupt durchhalten konnte? Pferd und Reiterin mussten jetzt ganz kurz vor dem Ziel sein, denn Letztere legte sich schon mehr und mehr nach vorne, wie bei einem Kopf-an-Kopf-Einlauf. Wie alle Zuschauer auf einer Rennbahn beim Finish nahm auch ich jetzt das Glas nicht mehr von den Augen und so sah ich ganz deutlich, wie der Jockey ganz plötzlich nach vorne wegkippte. War der Gaul zusammengebrochen? Hatte sich die Reiterin bei diesem grandiosen Finish verletzt? Man hat ganz einfach ein mulmiges Gefühl, wenn man Zeuge eines solchen Vorfalles wird, mir ging es damals nicht anders.

Lange behielt ich den Zielpunkt noch im Glase, aber es tat sich nichts mehr. Die Wiese hatte ihr Geheimnis einfach in sich aufgenommen.

Als ich die Zwecklosigkeit meiner weiteren Standortobservierung einsah, schwenkte ich mit meinem Glas links über das Halmenmeer, was soll ich sagen, dort ragten plötzlich die zwei dunklen Teller eines Überläufers aus dem Gras. Die Sau hatte vom nahen Rennen offensichtlich überhaupt nichts mitbekommen, völlig vertraut brach sie im Wiesenboden. Eigentlich hatte ich bei dem zuvor Geschauten jetzt gar keinen richtigen Bock auf einen Schuss, aber der Schaden in der Wiese durfte wie gesagt nicht größer werden. Andernfalls wäre der Bauer mit dem Mähwerk wahrscheinlich in die aufgewühlte Erde gefahren und es hätte zu Komplikationen führen können, was mir unter Umständen angelastet worden wäre.

Das Stück war allein und die hellgraue, fast weißliche Schwarte verriet, dass die Winterborsten bereits abgefallen waren. Es musste sich also um ein männliches Stück handeln. Im Schuss verschwand die Sau im Gras. Das hektische Durcheinander und Wackeln zahlreicher Halme an dieser Stelle verriet mir jedoch, dass das Stück am Verschlegeln war.

Der mitfiebernde Leser wird sicherlich Verständnis dafür haben, dass ich gleich darauf und jetzt erst recht wieder zum Rennplatz hinüberpeilte. Dort aber tat sich überhaupt nichts, gar nichts. In mir kam echte Sorge auf.

Ich baumte vorsichtig ab, aber wie das so ist, wenn man Zeuge eines so gewaltsamen Ereignisses wird, meidet man den Tatort. Ich strebte daher zu meinem Überläufer hin, der dort lag, wo ihn die Kugel gefällt hatte. Vorsichtig zog ich ihn aus der hohen Wiese. Immer wieder schaute ich aber auch dabei rechts hinüber, erwartend, dass sich dort endlich einmal das Rätsel dieses Rennens lösen würde, vergeblich.

Ich fuhr zum nahen Jagdhaus und brach dort die Sau auf. Zum Tatort wagte ich mich nicht mehr zurück, zumal sich über ihn der Abend gesenkt hatte.

Das Ganze ließ mir aber keine richtige Ruhe. Drei Tage lang verfolgte ich sorgfältig die Unfallmeldungen im Darmstädter Echo und als dann immer noch nichts von einem toten Gaul oder einer kollabierenden Reiterin stand, beruhigte ich mich wieder einigermaßen.

Wenn man als Pächter denkt, nach dem Winter oder mit Eintritt desselben sei das Schlimmste überstanden, dann belehren einen die Sauen ganz schnell eines Besseren. Jetzt fangen sie an, auf den alten Maisschlägen, die zumeist mit Weizen neu eingesät wurden, nach den untergepflügten Kolben zu brechen. Plötzlich schaut so ein Acker aus, als hätte Granatwerferfeuer darauf gelegen. Besonders wenn der Landwirt den auf den Schadensstellen verbliebenen Maisrest oder Körnerdruschabfall etwas tiefer untergepflügt hat, schaffen die Sauen da ganz schnell eine regelrechte Kraterlandschaft.

Wichtig ist es daher, dass man als Pächter mit seinen Jagdhelfern die Maisschläge nach deren Aberntung einmal überprüft. Liegt noch reichlich Kolbenbruch auf dem Acker, ist es ratsam, diesen so gut es geht abzusammeln. Man kann diese Kolben dann anderswo im Revier verfüttern. Pächter kennen ja ihre Bauern auch genau, sie wissen schon, welcher Landwirt sauber arbeitet und welcher etwas schlampiger. Auf den Feldern der Letzteren setzt die Arbeit ein. Manchmal kann man auch die Landwirte dazu bringen, das verbliebene Maismaterial zusammenzuziehen und vom Acker zu entfernen. Werden Maisreste so auf einen Haufen am Wald- oder Ackerrand zusammengezogen, finden sich immer wieder Sauen dort ein und durchwühlen diese Haufen, sie suchen bis zum allerletzten Maiskorn. Auf jeden Fall kann man sicher sein, dass die Sauen sich den verbleibenden Rest bis tief in das Frühjahr hinein herausholen werden. Diese lieben ganz einfach die aufgequollenen, etwas moussierten Kolben über alles.

In den letzten Jahren sind einige Landwirte dazu übergegangen, abgeerntete Maisfelder vor der Einsaat mit Weizen nicht mehr umzupflügen. Sie rauen den Acker lediglich mit einer Scheibenegge auf und bringen danach in das ganze scheinbare Durcheinander aus Maisstängeln, Kolben und nachgewachsenem Unkraut gleich die neue Saat aus.

Die Sauen schoben im letzten Jahr nach einer gewissen Ruhezeit, in der der Weizen schon schön aufgegangen war, alles, was auf der Oberfläche herumlag, gründlich hin und her.

Wir schossen auf diesen Äckern ein paar Sauen, aber auch danach sahen sie zunächst sehr schlimm aus. Mir fiel aber gleich auf, dass keine Weizenpflänzchen herausgerissen und entwurzelt waren. Sie waren allenfalls geringfügig verschoben worden, keimten aber gut weiter.

Was soll ich Ihnen sagen, im später hochgewachsenen Schlag gab es überhaupt keine Schadstellen, geschweige denn Krater und Löcher! Sie können ruhigen Gewissens Ihren Landwirten im Revier zu einem solchen Versuch raten.

Dieses Verfahren minimiert oder vermindert gar vollkommen spätere Schäden im Weizen.

Die Bejagung auf diesen Flächen ist zunächst unproblematisch. Schwerer wird sie, wenn der Weizen schnell zu wachsen anfängt. Bald stehen dann die stärkeren Sauen schon so tief in der grünen Frucht, dass man sie nicht mehr richtig ansprechen kann. Kleine Frischlinge, die dann schon mitgeführt werden, sieht man gar nicht. Hinzu kommt, dass die stärkeren Sauen dann schon Schonzeit haben, was eine verantwortungsvolle Bejagung auch nicht gerade einfacher macht. In solchen Fällen muss man das enge Umfeld der Sau sorgfältig abglasen. Folgen kleine Frischlinge, wackeln die Halme um die Sau herum und der Finger muss unter allen Umständen gerade bleiben!

Wie bei allen Schwarzwildschäden ist es auch ganz besonders bei dieser Schadensart wichtig, dass man den Sauen möglichst früh auf ihre Schliche kommt, dann kann man sie nämlich am ehesten vergrämen.

So gibt es die verschiedensten Mittelchen, mit denen man beispielsweise Lappen tränken kann, die dann rund um das Feld aufgehängt werden. Allenthalben sieht dann der Kundige solche Lappenstäbe stecken. Ich selbst halte nicht sehr viel von diesen Mitteln. Bei Freunden im Revier habe ich schon öfter Sauen mitten auf solchen „verstänkerten Schlägen" seelenruhig ihrem Grabhandwerk nachgehen sehen.

Die Abwehr mit der Büchse ist und bleibt auch da die wirksamste Methode. Wird ein Stück – und hoffentlich das richtige – dabei aus einer Rotte herausgeschossen, wird diese mit Sicherheit so schnell nicht wiederkommen. Einzelne Stücke, die sich um diese Zeit sogar verstärkt auf den Fluren zeigen, können unschwer bejagt werden, der Erlös aus ihrem Wildbret bessert die Wildschadenskasse auf, so muss man das ganz einfach sehen. Wenn nicht anders, muss man sich bei der Unteren Jagdbehörde eine Schonzeitabschusserlaubnis besorgen für ein, zwei Stück, dann handelt man rechtskonform.

Schlimm sind im Herbst und Winter, ja manchmal sogar noch im Frühjahr die Wiesenschäden, die Sauen auf der Suche nach Eiweiß verursachen. Ihre Nasenscheiben benutzen sie dabei wie ein Minensuchgerät, es ist offensichtlich, dass sie dabei jeden Wurm unter der Grasnarbe orten können. Welch eine Nasenleistung!

Leider gehen die Sauen in den Wiesen nicht systematisch vor, sondern wie es den Anschein hat, spontan und willkürlich. Das hat zur Folge, dass kleinere unbeschädigte Wiesenflächen bei der Schadenstaxierung mit in die gesamtgeschädigte Fläche einbezogen werden müssen, da eine Behandlung einzelner Schadenspunkte maschinell nicht möglich beziehungsweise unwirtschaftlich ist.

Wir, meine Jagdfreunde und ich, ebnen Schwarzwildgebräch möglichst umgehend per Hand oder Rechen wieder ein, dann wächst das Gras gleich wieder an und die wirklich hässlichen dunklen Löcher in der Wiesenfläche zeigen sich nicht, so lange bis sie auch der letzte Wieseneigentümer entdeckt, wenn er im Frühjahr anrückt.

Erst vor einigen Tagen hat mich wieder einmal die Wühlarbeit der Sauen in den Wiesen verblüfft. Den Wald neben meinem Revier durchzieht ein weiter, herrlicher Wiesengrund. Dieser ist etwa hundert bis hundertzwanzig Meter breit und durch die Mitte führt ein Grasweg. Zu meiner völligen Verblüffung musste ich bei einem Spaziergang mit meiner Frau feststellen, dass die Sauen ausgerechnet diesen Weg auf einer Länge von fast einem Kilometer um- und umgebrochen haben. Die Wiesen links und rechts des Weges wurden nicht einmal berührt. Warum haben die Sauen gerade diese Wegfläche so untersucht? Der Weg wird frequentiert von Reitern, Hundebesitzern, Joggern und Spaziergängern, stinkt „unserer Ansicht nach" geradezu. Ich nehme an, die zahlreichen Pferdeäpfel auf diesem Weg ziehen Würmer an, die wiederum von den Sauen geliebt werden.

Ich habe jahrelang diese Wiese bejagt, niemals haben die Sauen den Mittelweg aufgebrochen. Sie machten vielmehr die Wiesen links und rechts des Weges oft regelrecht schwarz und der Weg führte frischgrün durch dieses Chaos.

Wenn man Schwarzwild jahrzehntelang bejagt, erlebt man immer wieder neue Überraschungen. Diese machen diese Wildart ja auch so interessant.

Um Wiesenschäden zu vermeiden, muss man wachsam sein. Sobald die ersten grünen Eicheln auf den Waldwegen liegen oder auf das Autodach prasseln, müssen regelmäßig die bedrohten Wiesen kontrolliert werden. Jäger, die dies nicht so handhaben oder die nur alle vier bis sechs Wochen in ihr Revier kommen, brauchen sich nicht zu wundern, wenn sie dann plötzlich ihre grüne Wiese, auf der sie in der Blattzeit zuletzt einen Bock gestreckt haben, nicht mehr wiedererkennen.

Sauen, die in den Wiesen stehen und die Rasenstücke umdrehen, sind sehr leicht anzugehen und zu schießen. Meiner Erfahrung nach – und die gründet sich auf viele, viele Jahre Wiesenjagd – verliert das Schwarzwild auch hier jegliche Scheu, wenn es bei der Würmersuche ist. Kaum einmal wirft ein Stück auf, zu sehr locken die fetten Würmer unter dem Gras. Hat man Waldranddeckung, kann man das Wild wirklich unschwer angehen, nur der Wind muss natürlich passen! Wir sitzen oft auf einer Wiesenkanzel und warten dort, bis eine Rotte draußen auf der Wiese ins Gebräch geht. Wenn man die Stücke in Ruhe angesprochen hat, steigt man von der Kanzel herunter und geht die Schädiger langsam und vorsichtig an. Irgendeine Deckung sollte dabei aber schon zwischen Wild und dem angehenden Jäger liegen. In meinem Revier stehen im Wiesengrund Hochspannungsleitungen, sie reichen als Deckung völlig aus. Auch kleine Büsche oder etwas höheres Blattwerk genügen. Ein Busch bildet nachts einen dunklen Punkt auf der Fläche, die Sauen kennen ihn seit Langem. Sie können nicht erkennen, wenn sich dahinter jemand anpirscht, da der Jäger ja auch nur dunkel ist. Auffallen würde den Sauen jedoch sofort, wenn dort plötzlich zwei dunkle Punkte zu sehen sind. Der Busch und der Jäger. Daher muss man peinlichst darauf achten, dass die benutzte Deckung immer genau zwischen dem Wild liegt. Man kann natürlich die Deckung nicht verändern, aber man muss seinen Anschleichweg danach ausrichten. Sind die Wiesen völlig deckungsarm, kann man schon einmal einen ausgedienten alten Anhänger in die Wiese an einen strategisch günstigen Punkt stellen lassen. Das Schwarzwild gewöhnt sich sehr schnell an so einen Fremdkörper, es erkennt seine Harmlosigkeit und bricht auch in unmittelbarer Nähe des Gefährtes weiter. Neben der notwendigen Deckung bietet so ein Altanhänger auch eine ausgezeichnete Anstreichmöglichkeit für die Büchse, ja man kann sich auch zum Ansitz auf den Hänger setzen, allerdings ist das wegen des oft küselnden und wechselnden Windes auf der offenen Wiesenfläche nicht sehr ratsam. Sitz man erst einmal oben, kann man meist nicht mehr rechtzeitig abbaumen und ausweichen, wenn der Wind zu spinnen anfängt.

Wald und Wiesen sind das ureigene Metier der Sauen, hier werden sie nie müde, ihren kräftigen Wurf einzusetzen und das Unterste nach oben zu befördern. Unser Hegering hat einen sogenannten Wiesenhobel angeschafft, ein Gerät, das die Schadensstellen gleich wieder einebnet und festwalzt. Dies ist alles schön und gut, aber die beste Schadensbekämpfung ist und bleibt eine sofortige und erfolgreiche Bejagung der Schädiger.

Wer sich nicht regelmäßig um sein Revier kümmert, der gerät immer in Rückstand. Meist schimpfen gerade solche Pächter immer und ewig auf das Schwarzwild. Sie suchen dabei die Schuld bei den Falschen, sie selbst sind gefragt und gefordert.

In Staatsrevieren, die nicht verpachtet sind, können die Sauen sich meist ungestraft austoben, es sei denn, der dortige Jäger ist saukrank wie ich, dann wird ihnen auch dort auf die Schwarte gerückt.

Saujagden

Im Winter, so denn Schnee liegt oder wenn es friert, machen die Sauen keinen Schaden. Das wird ihnen aber nicht gelohnt, denn jetzt setzen die Drückjagden ein, heute meist sogar revierübergreifend. Das Abspüren nach einer Neuen gehört jedenfalls bei uns der Vergangenheit an. Es ist letztlich auch nicht nötig, Sauen sind heute überall anzutreffen.

Der große Aufwand bei heutigen Drückjagden an Jägern, Treibern und Hunden macht ein schnelles Umdisponieren ja ohnehin unmöglich. Wie reagiert das Schwarzwild auf solche Jagden? Dieses Wild wusste schon in der Vergangenheit dadurch zu überleben, dass es immer sogleich eine Strategie des Entkommens oder des Nichterscheinens entwickelte. So auch jetzt.

Sauen laufen nicht zwei bis drei Stunden bei einer solchen Jagd durch alle möglichen Reviere. Sie umgehen gerne die Treiberwehr oder hängen schnell die Hunde ab, von denen sie hochgemacht wurden, und stecken sich gleich wieder. Die offenen Hochwaldflächen oder die durch die Stürme entstandenen Kahlflächen meiden oder queren sie flüchtig. Mancher Stand erscheint dem Schützen ideal, Schussfeld gibt es nach allen Seiten, Überraschungen sollten da überhaupt nicht möglich sein. Man sieht das Wild ja schon von Weitem, da kann doch gar nichts schiefgehen. Ja, wenn das nur so einfach wäre, wenn da die Sauen nur mitspielen würden!

Gut sind Stände, die im gedeckten Gelände stehen, auf Ginsterflächen oder in Brombeerwüsteneien, in die man von erhöhter Warte aus gut hineinschauen kann. Von dort aus sieht man dann erst so richtig, wie sich die Sauen herumdrücken können.

Vor vielen Jahren saß ich einmal auf einer offenen Kanzel. Unter mir hatten Brombeeren eine etwa zweihundert Meter breite Senke vollkommen in Besitz genommen. Der anstellende Jäger machte mich noch leise darauf aufmerksam, dass unmittelbar vor mir schon Sauen stecken könnten.

Aus diesem Grunde schob ich noch unten am Boden äußerst vorsichtig zwei Patronen in meine Doppelbüchse, dazu hatte ich mich sogar mit meinem geöffneten Mantel tief über die Büchse gebeugt. Ich vertraute dem Ansteller, er verriet ja Sachkenntnis.

Das Treiben wurde weit entfernt um zehn Uhr angeblasen und der Wind wehte mir nur ein paar ganz verschwommene Horntöne zu. Ich hörte sie auch nur, weil die Schallwellen ungestört an meine Kanzel schweben konnten. Aber schon im nächsten Augenblick, ich traute meinen Augen kaum, stand ein starker Keiler in den Brombeeren unter mir auf, ich sah deutlich sein Gewaff. Er richtete seine schwarzen großen Teller in die Richtung, aus der die Töne kamen. Der Keiler stand und überlegte, wie er sich verhalten sollte. Geheuer war ihm die Sache nicht, ich sah ihm an, dass er die Bedeutung von Hörnerklang genau kannte. Er wäre sonst nicht so prompt aufgestanden. Andere Störgeräusche gab es in diesem Forst genug. Eine Motorsäge war zu hören, ein Flugzeug überflog uns und dergleichen mehr. Bei diesen Geräuschen wurde der Keiler nicht hoch, selbst wenn die Sägegeräusche viel näher waren. Jetzt fiel auch schon ein früher Schuss, fernab zwar, doch deutlich vernehmbar. Das alles passte dem Keiler nun ganz und gar nicht mehr, aber er blieb in seiner stacheligen Burg, er verlor nicht gleich die Nerven und rannte los. So etwas machen zuallererst die Füchse, die sofort merken, dass sie umstellt sind und sich schnellstmöglich absetzen wollen. Ihnen gelten auch bei solchen Jagden meist die ersten Schüsse, wenn denn Füchse freigegeben sind.

Da der Keiler unter mir immer noch fest stand, beobachtete ich ihn noch eine Weile, er sicherte nach allen Seiten, seinen Wurf stellte er ein ums andere Mal schräg nach oben in den Wind. So ein Keiler bricht nur los, wenn ihn die Hunde entdeckt haben oder wenn Treiber ihm zu nahe kommen. Sie müssen dem Keiler schon sehr nahe rücken, dieser weicht in einer so sicheren Umgebung praktisch nur, wenn ein Zusammentreffen ihm unausweichlich erscheint. Nur dann verlässt er seinen Kessel und seinen sicheren Einstand.

Da man so einen guten Keiler nicht auf vielen Jagden schießt, entschloss ich mich fast schweren Herzens und nicht aus wilder Jagdpassion zum leichten Schuss. Dies deshalb, weil mir deutlich geworden war, dass dieser Basse eigentlich alles richtig gemacht hatte. Er hatte sein ganzes Umfeld sorgfältig sondiert und hatte sich entschlossen, nicht zu weichen. Damit, dass so ein hinterhältiger Jäger von hoher Warte aus alles ungestört beobachten konnte, brauchte er nun nicht auch noch zu rechnen.

Bei abendlichen oder nächtlichen Ansitzen kann man aber sehr wohl beobachten, wie anwechselnde Sauen oft minutenlang so eine Kanzel fixieren und unter Wind zu nehmen versuchen. Sie kennen vom Frischlingsalter an die Gefährlichkeit solcher Jagdeinrichtung. Zu oft hat es von dort aus Brüder oder Schwestern erwischt, manchmal nur wenige Zentimeter vom eigenen Wurf entfernt, das vergessen Sauen nicht. Deshalb ist es für Kirrungsjäger, das sind Jäger, die ihre Sauen fast ausschließlich an Kirrungen schießen, sehr wichtig, den Wind zu beachten. Steht er auch nur ungefähr zur Kirrung hin, hat der Schütze nicht die geringste Chance. Selbst Frischlinge wissen sehr schnell, was los ist, und verschwinden blitzschnell. Ältere Sauen, Leitbachen und Keiler vor allem, ziehen lange nicht auf die Kirrung. Man kann sie oft weiter hinten zwischen den Stämmen herumgeistern sehen oder es knistert und knastert in der angrenzenden Dickung. Bei allen Sauen duelliert sich an solchen Plätzen der Appetit mit der Vorsicht. Heute muss ich leider sagen, dass schließlich meist der Appetit die Oberhand gewinnt. Es macht wirklich keinen Spaß, Sauen an Kirrungen, die schon jahrelang beschickt wurden, zu beobachten. Einem Sauliebhaber blutet das Herz, wenn man die verängstigten Stücke sieht. Anfangs nehmen sie nur ganz wenig Futter an und springen sofort wieder ab. Rüben oder Maiskolben werden flugs in die nahe Dickung getragen und dort erst in Ruhe aufgenommen. Wie muss der erwartete und vielleicht vielfach befürchtete Büchsenknall auf so eine Rotte an der Kirrung wirken? Schlimm, ganz schlimm. Blitzschnell ist die Bühne leer, die nächtlichen Besucher spritzen in alle Richtungen auseinander und nur ein Stück bleibt schlegelnd am Anschuss.

Kirrungen sind nötig und oftmals bekommt man nur so überhaupt Sauen. Wenn dort der ansitzende Jäger gewissenhaft schießt, hat er die Gelegenheit, nicht nur einen sauberen Schuss anzubringen, sondern auch das richtige Stück auszuwählen.

Ich habe viele Jahre lang an unzähligen Kirrungen gelauert und auch viele Sauen geschossen. Heute macht mir eine reine Kirrungsjagd, noch dazu, wenn sie auf schmalen Waldschneisen oder freigeschlagenen wohnzimmergroßen Freiflächen stattfindet, keinen Spaß mehr. Die Sauen tun mir einfach leid, ihr ängstliches Verhalten verdirbt mir die Jagdfreude.

Trotzdem locke auch ich noch Sauen an, auf Wiesen zum Beispiel oder auf freies Feld. Dort kommt dann nicht nur der Schießfinger zum Zuge, sondern auch die Augen dürfen viel sehen und erleben. Man kann das Wild schon beim Anwechseln beobachten und man sieht die einzelnen Rangkämpfe in der

Rotte viel genauer. Ein abgeschlagenes Stück versucht immer wieder kreisend auch mal an das ausgelegte Futter zu kommen, meist in Deckung der niederen Rottenmitglieder. Aber der Chef oder die Chefin der Gruppe sieht auch in der dunkelsten Nacht alles, das nicht erwünschte Stück wird sofort wieder auf Trab gebracht, dagegen nützt auch nicht das lauteste Protestgeschrei.

An solchen Stellen kann man das Futter auch weitflächiger streuen. Das hat dann den Vorteil, dass sich der borstige Verband weiter auseinander zieht. Jetzt kommen auch Frischlinge und Überläufer einmal ganz frei und man kann sich diese in Ruhe vornehmen. An Schneisenkirrungen geht das meist nicht so leicht. Die dunkle Masse ballt sich dort um die Futterkiste oder um die Baumscheiben, die den Mais abdecken. Jedes Stück versucht hastig, so viel wie möglich an Futter zu ergattern. Der Jäger zielt dann und schaut und schaut und zielt, er wird und wird nicht fertig. Wer dann einfach auf ein Stück schießt, das er deutlich sieht, egal ob sich dahinter weitere Stücke schieben, der sollte sich schämen, der ist kein Jäger.

Doch nun zurück zur damaligen Wildjagd. Der Keiler hat den Schuss mit Sicherheit nicht mehr gehört, er verschwand blitzartig nach unten, einige Momente zitterten noch die Brombeerranken, dann wurde es wieder ruhig. Ein langes Keilerleben war zu Ende gegangen. Ein Jagdgast, der den Keiler nie zuvor gesehen hatte, ja, der das große herrliche Revier zum ersten Mal betreten hatte, hatte seinen Lebensfaden abgeschnitten. Wenigstens musste der Basse nicht leiden. Keine Hundemeute stellte ihn Minuten vor seinem Tode noch, kein verhasster Jäger näherte sich ihm zum Fangschuss.

Unter mir blieb es aber nicht lange ruhig, denn schon tauchten gleich an mehreren Stellen Teller von Sauen, die dieser Schuss aufgeweckt hatte, auf. Sie hatten das ferne Hornsignal verschlafen, aber jetzt schrillten bei ihnen die Alarmglocken. So ein naher Donnerknall wirft ja Sauen buchstäblich aus dem warmen Kessel, aber das Schlimme für sie ist, sie wissen nicht, woher der Knall eigentlich kam. Jetzt wurde unter mir gesichert und geblasen, keine Sau wusste Bescheid. Längst hatte ich in meiner ejektorlosen Doppelbüchse die abgeschossene Patrone durch eine neue ergänzt. Gerade in solchen Situationen, in denen sich der Schütze möglichst leise verhalten muss, ist einer ejektorlosen Doppelbüchse der Vorzug zu geben. Unschwer konnte ich gleich noch einen starken Frischling schießen, der plötzlich ganz frei in einer Lücke stand. Das reichte aber den anderen Sauen, jetzt setzten sie sich aber alle ab, ich fehlte noch ein Stück, dann saß ich allein bis zum Abblasen, das erst zwei Stunden später erfolgte.

In so einer Situation möchte man ja zu gern zum geschossenen Stück hingehen, noch dazu, wenn es sich wie hier um einen guten Keiler handelt. Aber es ist selbstverständlich und liegt schon im Interesse der eigenen Sicherheit, dass man auf dem Stand aushält, bis man abgeholt wird.

Nach dem Abblasen zog ich dann zusammen mit zwei Treibern den Keiler aus den Brombeeren heraus, er mochte neunzig oder auch hundert Kilogramm wiegen und hatte sehr starke breite Waffen. Dieser Jagdtag hatte gut angefangen und er endete auch gut, denn im letzten Treiben des sehr stürmischen Tages schoss ich noch einen guten Keiler. Dieser kam aus einer tiefen Schlucht direkt auf meinen Ansitzbock zugetrollt, es stürmte so stark, dass auch dieser Keiler den Knall nicht mehr gehört hat.

Da der Keiler so nahe vorbeiflüchtete, sah ich nach dem Schuss deutlich eine lange Schweißfontäne aus seiner vorderen Rippenpartie spritzen. Der Keiler stürmte nach dem Schuss einfach weiter, aber aufgrund dieses Anblicks wusste ich genau, dass er nicht mehr weit kommen würde.

Noch von einem anderen starken Keiler möchte ich erzählen. Sein Bild ziert dieses Buch. Die Erlegung dieses winterlichen Bassen war zugegebenermaßen nicht ganz sauber, aber urteilen Sie selbst.

Wir jagten letztes Jahr, also 2009, fünf Tage in Belarus, in Weißrussland. Dort gibt es merkwürdigerweise viele und gewaltige Sauen. Bis vor einigen Jahren war dieses Land nun wahrlich nicht als Sauparadies bekannt. Neue Berichte und vor allem dokumentierende Bilder über solche Jagden hatten in uns den Entschluss zu so einem Jagdausflug unschwer reifen lassen.

Die ersten Jagdtage verliefen nicht so toll wie vom Vermittler versprochen. Die Reviere waren überjagt. An manchen Ständen war noch das Laub weggefegt, allenthalben wurden frische Patronenhülsen gefunden. Mit fünf bis sechs Sauen quälten wir uns die ersten Tage so über die Runden. Dies, obwohl die Treiber ihr Bestes gaben und obwohl täglich – man mochte es ja kaum glauben – fünf bis sechs Treiben genommen wurden. Wären Wisente frei gewesen, hätten wir große Strecke machen können. Einmal stürmte eine 15-köpfige Herde direkt auf mich zu. Da ich im freien Feld nur hinter einem winzigen Ginsterbusch stand, wurde es mir regelrecht mulmig. Was sollte ich machen?

Mein Nachbarschütze, der alles beobachten konnte, sagte mir nach diesem Treiben, er sah mich schon überrannt, als der Wisentzug donnernd stichgerade auf mich zupreschte.

Rein instinktiv hob ich winkend beide Arme, als ich merkte, dass es sehr brenzlig wurde. Das half, das ganze Rudel verhoffte verblüfft, schwere, schwarze Läufe stemmten sich gegen die Fluchtrichtung in die Erde. Kurze Zeit verhofften alle Tiere, eine Dampfwolke stand über dem Rudel. Wir standen vielleicht noch zehn Meter auseinander. Den Bullen aus dieser Herde herauszuschießen wäre ein Leichtes gewesen, zu leicht, wie ich empfand, denn die Herde zog nur zögerlich und langsam, immer wieder lange verhoffend über das freie Feld ab.

So, wie es mir scheint, werden dort im Nationalpark Wisente ganz verstärkt gezogen und dann verkauft. Billig ist so ein Abschuss nicht. Hätten wir einen Wisent geschossen, wäre eine Strafe von 30.000,00 EUR fällig gewesen.

Lange Zeit sah ich bei dieser Jagd nicht einmal eine Sau. Allerdings streckte mein Standnachbar einmal ganz in meiner Nähe so einen gewaltigen Keiler. Mir stellten sich die Haare auf, als ich an dieses Stück herantrat. Solche Brocken gibt es eigentlich sonst nirgends, zumindest was das Gewicht anbelangt. Wo ziehen schon Sauen mit einem Gewicht von etwa 200 kg und mehr ihre Fährte?

Vor etlichen Jahren jagte ich ein paar Mal am Amur und am Ussuri, also in Ostsibirien. Dort gibt es selbstverständlich so starke Keiler, aber die sind viel, viel seltener als in Belarus. Zweihundert Kilo hatte dieser Keiler nicht, aber etwas mehr als 150 kg mochte er schon auf die Waage bringen. So ein Stück auf der Strecke hebt schnell die allgemeine Stimmung wieder, die schon etwas versunkene Hoffnung keimt gleich wieder auf und man zieht am nächsten Morgen wieder hoffnungsvoll los. Irgendwie merkte ich beim zweiten Treiben des Tages schon, dass sich etwas tun würde, da stand doch plötzlich ein starkes Alttier vor mir in den hohen Eichen. Rotwild durften wir aber in das Treiben hinein nicht schießen. Das Gelände war bretteben, wir standen auf der Erde, solche Flachschüsse wären für die Treiber, die uns entgegenkamen, zu gefährlich gewesen. Das Tier hätte ich überhaupt nicht fehlen können, allein diese Genugtuung baute mich schon etwas auf.

Ein paar Minuten später tauchte tief drinnen im Treiben eine große pechschwarze Sau auf, sie trollte parallel zur Schützenlinie durch das Treiben.

Manchmal verhoffte das Stück. Es war so um die hundertfünfzig Meter von meinem Stand entfernt. Treiber waren noch keine zu hören, dennoch verkniff ich mir den an und für sich erlaubten Schuss, irgendwie hatte ich Hemmungen in die Richtung der noch unsichtbaren Treiber zu schießen. Später, als sich herauskristallisierte – mein Standnachbar sagte, so einen riesigen Keiler hätte er noch nie gesehen –, welch gewaltiger Brocken da durchgezogen war, ärgerte ich mich ein bisschen, aber nur ein bisschen. Ein oder zwei Mal ruhte der rote Punkt meiner Zieloptik auf dem schweren Keiler. Er erschien auf diese Entfernung aber durch das vierfache Zielfernrohr klein und winzig. Zu treffen wäre er allerdings gewesen, immerhin musste seine Kammer allein schon so groß wie eine ganze Rehbockscheibe gewesen sein. Dieser Keiler begegnete mir in der Zwischenzeit schon oft, sowohl im Geiste als auch im Traum und das wird auch bis ans Ende meiner Tage so weitergehen. Der Keiler wusste nichts von der großen Gefahr, in der er sich damals befand. Hoffentlich erfreut er sich noch seines Keilerlebens, sicher bin ich mir dessen nicht, zu viel wird zurzeit dort gejagt.

Im gleichen Trieb kam plötzlich aus der Tiefe des Hochwaldes heraus ein starkes, mehr graues Stück Schwarzwild auf mich zugewechselt. Das Stück hatte es gar nicht besonders eilig, es gab mir reichlich Gelegenheit, aufgeregt zu werden. Spitz anwechselndes Wild wird oft längere Zeit von Bäumen verdeckt und erscheint dann plötzlich wieder schon viel näher, als man es eigentlich erwartete. Dies macht es ratsam, frühzeitig in Anschlag zu gehen, denn einen zu späten Anschlag kann spitz anwechselndes Wild – auch Schwarzwild (!) – mitbekommen und dann kann es schwierig werden. So ein Stück wirft sich blitzschnell aus dem Wechsel und geht hochflüchtig ab. Der Jäger erhält nur noch mehrere sehr gute Chancen, Baumstämme zu treffen, und das Stück kann seine Schwarte retten.

Damals verfolgte ich den anwechselnden Keiler nur noch durch das Zielfernrohr. Etwa 100 Gänge vor mir bog er auf einmal nach links ab. Er verhoffte zwar des Öfteren kurz, aber immer war er von Stämmen verdeckt. Längst hatte ich mir vorgenommen, sofort zu schießen, wenn er wieder hinter einem Stamm auftauchte, aber mein Entschluss und die Wirklichkeit fanden einfach nicht zusammen. Einmal tauchte das Stück schon näher auf, als ich erwartet hatte, einmal konnte ich den Schussfinger nicht rechtzeitig krümmen. Auch dazu gehört nämlich ein schneller Entschluss und den hemmen oft alle möglichen Umstände. Man steht wie gebannt, zieht weiter auf dem Wild mit und hofft inbrünstig auf die nächste Chance. Diese kam dann auch tatsächlich noch für mich, als plötzlich so 100 Gänge links von mir das mächtige Haupt des verhoffenden Keilers hinter einem Baumstamm sichtbar wurde. Die Sau hatte dort haltgemacht, weil ein gefällter Baumstamm ihren Wechsel querte. Jetzt schoss ich wild entschlossen, den Keiler riss es einfach um, ich sah ihn nicht mehr, weder vor dem Stamm noch hinter dieser dicken Eiche, er musste liegen. Lange zitterte ich noch nach, so lange, bis die Treiber kamen. Der sie begleitende, gut eingejagte Laikahund stand längst am Stück.

So weit, so gut, aber das dicke Ende kommt gleich nach. In all der Aufregung, die dieser mächtige, zunächst spitz auf mich zuwechselnde Keiler verursachte, hatte ich völlig meinen Nachbarn vergessen. Mein roter Punkt klebte schon seit mehr als zweihundert Metern immer auf diesem Keiler und nachdem ich dabei schon mehrere Schussmöglichkeiten vermasselt hatte, schoss ich einfach auf das Keilerhaupt, als dieses links von mir auftauchte und auch noch still stand. Leider mochte es auch ähnlich meinem Nachbarschützen ergangen sein. Er hatte in seinem Leben zuvor überhaupt noch kein Stück Schwarzwild geschossen, nun nahte sich die Erfüllung seines Jägerlebens, als der Keiler den Schwenk auf seinen Stand zu machte. Auch dieser Waidmann hatte längst eingestochen, dieser Keiler, der genau auf ihn zuhielt, konnte ihm ja überhaupt nicht mehr entkommen. Als dann der tapfere Waidmann schon die Luft anhielt und als er gerade seinem Schussfinger das Kommando zur Krümmung geben wollte, fiel dieser, sein Lebenskeiler, einfach um. Aus der Sicht dieses Schützen war das schon hart, ich gab das auch unumwunden zu. Dieser, meiner genauen Schilderung mögen Sie, geneigter Leser, aber entnehmen können, wie das halt so gekommen ist.

Wenn man bei einem anwechselnden Wild, noch dazu wenn es sehr stark ist, schon unter Strom steht, wenn das Wild immer noch näher und näher kommt und wenn sich der rote Punkt des Absehens schon nur noch auf dem Stück bewegt, ist die Konzentration auf den Schuss so im Vordergrund, dass alle anderen Erwägungen nach hinten wegtauchen. Wäre dieser Keiler von Anfang an meinem Standnachbarn gekommen, hätte ich mit Sicherheit meine Büchse nicht einmal hochgehoben, geschweige denn geschossen. Bei unzähligen Saujagden habe ich oft mit Spannung und Hochgenuss beobachten dürfen, wie Nachbarn solches anwechselnde Wild gekonnt streckten oder auch fehlten. Alle diese Vorgänge gravierten sich unauslöschbar in mein großes Erlebnisbuch.

Hier aber schoss ich diesem wirklich bedauernswerten Jagdteilnehmer seinen Lebenskeiler vor der Nase weg und es tat und tut mir heute noch für ihn sehr leid. Ich habe wirklich sehr viele gute Keiler geschossen, ich hätte wahrlich verzichten können. Für ihn aber wäre es nicht nur die erste Sau, sondern gleich auch der erste gute Keiler gewesen. Wer weiß, wann und ob überhaupt ihm ein solcher nochmals begegnen wird. Ich habe ihn zum Trost sofort auf den roten Bock in mein Revier eingeladen. Er kam und er wird wiederkommen, das ist doch auch schön.

Vor zwei Jahren nahm ich an einer Saujagd in Ungarn teil. Ein guter Jagdfreund von mir kam eigens aus Kanada zu dieser Jagd, wir wollten dann anschließend noch zwei Tage auf Fasanen am Plattensee jagen.

Wir trafen uns in einem sehr komfortablen Jagdhaus. Als ich kam, war der Tisch schon für das Abendessen eingedeckt, und zwar mit dem Allerfeinsten. Auf jedem Platz lag darüber hinaus eine Faltkarte, die außen ein gewaltiger Keilerkopf zierte. Gehalten wurde die Karte von einer Kordel in den ungarischen Nationalfarben rot, weiß, grün. Im Inneren gab es dann exakte Pläne der drei für den nächsten Tag geplanten Treiben. Mir wurde ganz mulmig, im Geiste überzählte ich meinen mitgebrachten Patronenvorrat. Es waren gerade mal zwanzig Schuss, ob die überhaupt reichen würden?

Nach dem üppigen Essen wurden Reden gehalten und alles sah gespannt dem kommenden Jagdtag entgegen.

Um es kurz zu machen, die Jagd war ein glatter Reinfall. Wir bejagten in einer wunderschönen Umgebung ein vollkommen leer geschossenes Revier. Zur Strecke kamen ein paar Frischlinge, wenn ich mich recht erinnere, auch zwei Überläufer. Ich schoss einen jämmerlichen Frosch, er kam alleine, mehrere Monate vor uns hatte ihn ein Jäger schon zum Waisen gemacht.

Diese Jagd hätte ich eigentlich schon lange vergessen, wenn nicht einem Amerikaner, einem sehr hohen Tier, mehr darf ich nicht sagen, eine bemerkenswerte Dublette auf zwei Jagdterrier gelungen wäre. Diese waren vorher die einzige Verstärkung der vielköpfigen Treiberwehr.

Die große Jagd

Aber von einer anderen großen Saujagd in Ungarn, im Revier Lábod möchte ich doch noch erzählen. Die Jagd leitete der damalige Oberjäger Dr. Studinka, er zeigte uns, wie man so eine Jagd perfekt organisiert und durchführt. Die Jagd fand im Herbst 1971 statt und unsere Jagdtruppe war damals alles andere als saujagderfahren. Bei uns im Großraum Frankfurt gab es kaum, und wenn, nur vereinzelt Schwarzwild, große Strecken kannte man überhaupt nicht. Ich hatte im Mai dieses Jahres erstmals eine Ungarnreise unternommen, kam dabei gleich nach Lábod und Dr. Studinka freute sich über meine unsägliche Jagdpassion, wir sprachen lange Nächte über Jagd und dabei bot er mir die Láboder Saujagd an.

Meine Freunde ließen sich sofort dazu überreden und so trafen am 09. Januar zehn Schützen im Revier ein. Unter ihnen befand sich auch mein langjähriger Freund Erich Dittmann, ein bekannter Maler und Porträtist. Er skizzierte später alle Terroristenprozesse. Allein seine Jagdskizzen während dieser Tage sind es schon wert, dass ich an dieser Stelle darüber berichte. Zuvor ist dieser Jagdbericht schon einmal in der „Pirsch" (Nr. 7/1972) erschienen.

Wir wollten zu so einer Jagd, die große Strecke erwarten ließ, nicht unvorbereitet anreisen. Deshalb übten wir in unseren heimischen Revieren fleißig das Kugelschießen auf bewegliche Ziele. Schießkinos gab es natürlich noch nicht und so besuchten wir Schießanlagen mit laufenden Keilern. Zwar war dieses Schießen auf den Keiler nicht gerade sehr abwechslungsreich, aber immerhin zwang es zum schnellen Kugelschuss. Auch am Hang abwärts rollende und hüpfende und springende alte Autoreifen, deren Innenseite wir mit einer Sperrholzscheibe ausstaffiert hatten, die sich mehrfach mit neuem Papier bespannen ließ, kamen zu Übungszwecken zum Einsatz. So machten wir uns damals mehr oder weniger fit für die große Jagd. Verglichen mit der heutigen Fertigkeit der Drückjagdjäger, die im Herbst und Winter Woche für Woche an solchen Jagden teilnehmen, waren wir natürlich Stümper. Können ersetzten wir durch Begeisterung und Passion, Dr. Studinka hatte seine helle Freude an uns.

Nachmittags am 09. Januar erreichten wir unser Jagdhaus im Wald. Einige Jagdfreunde waren schon etwas früher angekommen, die nutzten den

Der Jagddirektor.

Nachmittag und ließen sich paarweise mit Pferdewagen durch das Revier kutschieren, um noch auf Kahlwild zu Schuss zu kommen.

Nach Einbruch der Dunkelheit trudelten nach und nach alle zwölf Mitjäger ein. Müde geschüttelt vom Pirschwagen und hungrig nahmen sie ihre Tischplätze ein. Später lauschte alles erwartungsvoll den Worten des Jagddirektors Gabor. Er gab für die kommenden Tage Sauen, Füchse und weibliches Rotwild außer Kälbern frei. Letzteres erstaunte etwas, aber wahrscheinlich wollte die Revierleitung dadurch verhindern, dass Hirschkälber geschossen wurden. Spannend gestaltete sich das Ziehen der Standnummern. Danach legte der Jagdleiter die Pläne der drei Treiben des ersten Jagdtages aus. Alles stürzte sich darauf, um die eigenen Stände festzustellen. Voreilige Freude und Resignation machten sich nach dem Studium der sehr anschaulich gezeichneten Skizzen breit. Es ist aber eine alte Erfahrungstatsache, dass gute und schlechte Stände nur sehr schwer vorhergesagt werden können, schon gar nicht von revierfremden Gästen. Wind, Wetter und Zufall leiten das locker gemachte Wild Jahr für Jahr anders.

In diesem Revier wurden Treiben von meist mehr als 100 Hektar genommen. Dies bedingte erfreulicherweise sehr weite Standabstände, setzte auf der anderen Seite aber auch die genaue Kenntnis der Wildwechsel voraus. Erschwerend wirkte sich in diesem Jahr für die Jagdleitung das völlige Fehlen von Schnee aus. Es stellte sich bald schon heraus, dass sich die Sauen fast ausnahmslos im Hochwald gekesselt hatten, um die Strahlen der Wintersonne voll genießen zu können. Dies erforderte weites raumgreifendes Antreiben. Unsere Treiberwehr bestand aus etwa 80 Männern, die ihr Handwerk bestens verstanden. Leider wurden nie mehr als drei Hunde mitgeführt, sodass wir auf das Geläut einer Meute verzichten mussten.

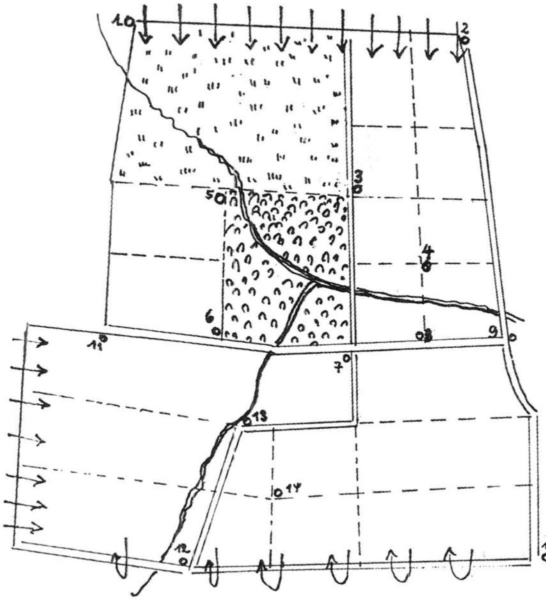

Planskizze eines Treibens.

Fortan schaukelten fünf planenbespannte Traktoren Jäger, Treiber und Tross genau nach Plan von Treiben zu Treiben. Immerhin wurden so weit über 100 Mann bewegt. Am sichersten verriet uns das Tuckern der Traktoren, die einsammelnd die Schützenlinien aufrollten, das Ende der Treiben. Unsere Jagdhörner vermochten die großen Entfernungen nur sehr ungenügend zu überbrücken.

Das erste Treiben

Die Spannung des ganzen Jahres staute sich in vielen der 12 angereisten Schützen vor dem ersten Treiben. Erwartungsvoll wurden die Stände eingenommen. Jovial winkte man den vom Traktor Abgesprungenen „Waidmannsheil“ zu, das man sich jedoch insgeheim selber am allermeisten erhoffte. Revierjäger mit Plänen gestikulierten auf den Waldschneisen, Uhren wurden verglichen

Ein Treiber.

und das Fähnlein der auf dem Traktor Verbliebenen nahm mehr und mehr ab. Als einen der Allerletzten lud man mich ab. Ich erhielt meinen Stand in einem schmalen Akazienstreifen, der zwei Kieferndickungen trennte. Ein Teil der Treiber stellte sich hinter mir, der Großteil der Treiberwehr vor mir auf.

Bald dröhnten auch schon die ersten Schüsse durch den Forst. Freund Erich löste sich mitten im Treiben auf zwei Rotten. Er brachte auch das Kunststück fertig, bei allen Treiben seine Umgebung mit schnell und sicher geführtem Stift festzuhalten. Er zeichnete jedoch buchstäblich mit abgespreizten Ohren, denn beim geringsten Knacker warf er Block und Stift in den Sand und griff zur Büchse.

Die ersten Einzelschüsse fielen meist auf den Fernwechseln. Sie galten anschnürenden Füchsen, die ja immer die Vorhut bilden. Sie zeigen dem Schützen genau den Wechsel, den später die Sauen einhalten. Die Frage, ob man jeden anlaufenden Fuchs mit der Kugel beschießen soll, ist umstritten. Ich bejahe sie bedingungslos. Wer vor schwierigen Schüssen kneift, bring sich selbst um die Freude über gelungene Treffer. Außerdem vermasseln solch frühen Schüsse keineswegs den späteren Anlauf. Das Wild wird durch den „Allgemeinen Gefechtslärm" derart auf die Läufe gebracht, dass es früher oder später ohnehin die Fernwechsel annimmt. Und was vermag dann überhaupt noch Schwarzwild, das sich zum Ausbruch entschlossen hat, aufzuhalten? Nichts, schon gar nicht der Knall eines Schusses. Außerdem beleben Schüsse ein Treiben, man zählt freudig mit und die Begeisterung der Treiberwehr flackert nach dem Knall wieder merklich auf.

Ungarische Landschaft.

Die Treiber in meinem Rücken waren längst vorbei, als es in den Kiefern rückwärts polterte. Ich spürte das Aufsetzen schweren Wildes buchstäblich mit den Fußsohlen, kein Wunder bei diesem sandigen, leichten Boden. Da knallte es bei meinem Nachbarn auch schon zweimal. Freund Philipp hatte eine Bache und einen Frischling gestreckt. Das Gewicht der Bache lag über 150 Kilogramm! Irgendwie hatte ich jedoch das Gefühl, dass sich ein einzelnes Stück wieder gesteckt hatte. Ein spätes, lautes Knacken nach diesen Schüssen hatte mich misstrauisch gemacht. Zwanzig Minuten danach – die Treiber arbeiteten sich gerade vor mir durch die sehr dichten Kiefern – stand urplötzlich eine pechschwarze Sau auf der Schneise. Wie sie so lautlos dorthin gekommen war, wird ihr Geheimnis bleiben. Ein Schnappschuss auf die schon wieder anruckende Sau verbot sich. Also ließ ich ihr das 2¾-fache Abkommen durch den Akazienstreifen folgen. Ruhig und ohne auf die im Ziel erscheinenden Baumstämme zu achten, kam ich zweimal ganz passabel auf den schwarzen Kasten ab. Die Sau verschwand jedoch ohne zu zeichnen in der größeren Dickung. 30 Meter vor mir hatte ich mit einem Schuss eine Akazie „gekrellt"; höhnisch leuchtete mir die angerissene Rinde entgegen. Ein Zigeunerjunge brachte mir jedoch bald darauf einen großen Gescheidefetzen. Die Sau musste eigentlich liegen. Ich atmete erleichtert auf.

Tatsächlich riefen mich kurz darauf mehrere Treiber zum Fangschuss in die Dickung hinein. Dort setzte ich dann der Sau auf ganz kurze Entfernung den Schuss hinter den Teller. Zufrieden meditierte ich den Rest des Treibens auf meinem Sitzstock. Nach dem vermeintlichen Ende des Treibens ging ich zum Anschuss und forschte nach Pirschzeichen. In diesem Augenblick passierte ein sehr grober Keiler meinen Stand und die dort abgestellte Doppelbüchse. Der Keiler war langsamer als langsam, er schien meine Hilflosigkeit zu kennen. Ich Esel hatte gegen den obersten Grundsatz: „Stand einhalten bis zum eindeutigen Ende des Treibens", verstoßen und wurde prompt entsprechend bestraft.

Nach diesem Treiben lagen neun Sauen auf der Strecke; ein Stück war angeschweißt.

Ein Überläufer rettet seine Schwarte

Im zweiten Treiben kamen nur zwei Sauen zur Strecke. Mich narrte erfolgreich ein Überläuferkeilerchen. Ich saß auf einem der unbeliebten Schneisenstände. Auf einer etwa drei Meter breiten Lücke hatte ich mein Glück zu versuchen. Fern allem Treiberlärm schob sich auf einmal ein spitzes Überläuferhaupt in die Minischneise und sicherte. Ich ging in Anschlag. Lautlos wie er gekommen war, zog sich der Kujel wieder zurück. Ich blieb jedoch auf die 60 Gänge entfernte Stelle in Anschlag und wartete mehr als fünf Minuten geduldig auf das Wiedererscheinen des Schwarzen. Näher und näher knackte schon der Treiberlärm. Nichts tat sich. Ich setzte die Büchse ab und lauschte. Wupps, da spritzte der Kujel genau an der vorher angezeigten Stelle über die Schneise. Vergeblich schoss ich hinterher. Ein abgeschossener Randast winkte mir traurig meine Fahrkarte zu.

Die Treiber nahmen nun die Dickung, aus der der Überläufer gekommen war. Eine Stunde später etwa trieben sie die andere Dickung zurück. Und tatsächlich flitzte – für mich wiederum völlig überraschend – das Keilerchen wieder an der gleichen Stelle zurück in seine Einstandsdickung. Deutlich sah ich seinen Pinsel und den winkenden Pürzel. Meine Büchse brachte ich nicht einmal in Anschlag.

Hauptschwein krönt den Jagdtag

Ohne Mittagspause ging es weiter. Das Nachmittagstreiben brachte einen der ersten Höhepunkte. Es knallte an allen Ecken und Enden, meine beiden Standnachbarn lösten sich dabei mehrfach. Acht Sauen lagen danach auf der Strecke, darunter der stärkste Keiler der ganzen Jagd. Der Basse wog über fünf Zentner und hatte über 20 cm lange Waffen. Beim Anblick eines solchen Ungetüms erschrickt man unwillkürlich etwas. Stolz und Freude des Schützen, der wie irr geworden den Keiler umtanzte, sind daher nur zu verständlich.

Der alte, etwa neunjährige Keiler wollte sich erst ganz zuletzt seitlich aus dem Treiben mogeln. Freund Wilfried stoppte ihn mit einem Tellerschuss gerade noch rechtzeitig.

Eine starke Frischlingsrotte hatte im Treiben Dauerfeuer auf sich gezogen. Trotzdem kamen am ersten Tag mit nur 44 Schüssen 18 Sauen zur Strecke. Ein Ergebnis, das als recht gut bezeichnet werden kann.

Sau tot!

Köstlich gemütlich und vor allem völlig unbeschwert sind Jagdabende, denen keine beunruhigenden Geschäftstage folgen. Man hat Zeit, kann lange aufbleiben, froh die Becher schwingen und die Spielkarten auf den Tisch knallen.

Ein guter Jagdleiter macht den Schützen, die sich noch nicht erfolgreich gelöst haben, etwas Mut für den nächsten Tag. Bedrückte, mit dem Schicksal und später mit allem und jedem hadernde Schützen stören die Harmonie einer solchen Gruppenjagd.

Im Nebel

Der zweite Jagdtag ging als ausgesprochener Nebeltag in die Jagdgeschichte dieses Reviers ein. Gespenstisch verschwand schon die nächste Umgebung in dem alles absorbierenden Grausud. Die Motorengeräusche der Traktoren erinnerten uns daran, dass ein sorgfältig geplantes Großtreiben in Angriff genommen wurde. Lange Zeit saß ich, vor mich hinsinnierend, auf meinem Sitzstock. Zum Zeitvertreib entstachelte ich die harten Zweige einer Akazie. Das Gick-Gack tief fliegender Gänse hing über dem Treiben. Nässe tropfte von kahlem Geäst. Dem Plan nach saß ich mitten im Treiben, Wild konnte also von allen Seiten kommen, die Frage war nur, ob ich es im Nebel überhaupt oder rechtzeitig genug erkennen würde.

Jählings peitschten rechts neben mir zwei hastige Schüsse auf. Der Nebel schluckte sie, ohne seinen wogenden Reigen zu unterbrechen. Gespannt musterte ich die Akazienstämme vor mir; es war ja nicht weit bis zur nebulösen, undurchdringlichen Trennwand hin. Kurzes, trockenes Knacken, verursacht von an- oder vorbeiwechselndem Wild, machte mir meine Hilflosigkeit noch deutlicher.

Die in sehr flotter Fahrt anwechselnde einzelne Sau sah ich spät, fast schon zu spät, obwohl sich der tiefdunkle Wildkörper gut vom Weißgrau des Hintergrundes abhob. Vier, fünf Fluchten begleitete mein Absehen den Kujel, dann entließ ich die Kugel hoffnungsvoll in den Stangenwald hinein. Zu meiner freudigen Verblüffung ging das Stück prompt kopfüber und schlug laut krachend gegen einen Baumstamm. Das war noch einmal gut gegangen!

Froh über diesen Duselschuss machte ich es mir auf meinem Sitzstock wieder bequem. Ein geradezu unwahrscheinlicher flüchtiger Fuchs kündete mir die nahe Treiberwehr an. Immer wieder wartete ich mit heimlicher Spannung, ob die Treiber das gestreckte Wild auch liegen sahen. Nun, den Zigeunern entging so schnell nichts, sie stürzten sich mit Freudengeheul auf das erlegte Stück. Verstohlen schielten sie von dort aus nach dem Stand des Schützen. Treiber prüfen meist sehr fachkundig den Sitz der Kugel und die Schussentfernung. Ihre Anerkennung ist Balsam für uns Schützen. Rehe huschten später noch an meinem Stand vorbei, dann war das Treiben zu Ende. Es war wie ein Wunder, dass bei dieser miserablen Sicht überhaupt vier Sauen auf der Strecke lagen.

Leider hatte auch im nächsten Treiben der Nebel kein Erbarmen mit uns. Er tropfte trostlos vom Geäst, wallte tief über die wenigen Blößen und mogelte viel Wild durch unsere Schützenreihen. Man hatte mich vor eine Roteichenkultur gesetzt, die ich knappe 50 Gänge einsehen konnte. Irgendwo blies in diesen dichten Gerten mehrmals eine Sau. Alarmiert harrte ich mit gestochener Doppelbüchse. Schemenhaft schoben sich da auch schon zwei stärkere Sauen durch die Kultur. Ich ahnte die Sauen mehr, als ich sie im Zielfernrohr wirklich sah.

Eine Regel, die man sich merken sollte, lautet, dass man bei trollenden Sauen nicht auf ein Verhoffen warten soll; man vergibt sich sonst die beste Schussentfernung. Hat man zudem eine Büchse 9,3 x 74, braucht man auf störendes Astwerk, Stämmchen oder hohes Riedgras nicht weiter zu achten. Auf dem Sitzstock hockend, zielt es sich ruhig und sicher, wenn man den Ellenbogen der Führungshand aufs Knie aufstützt. Die sehr gleichmäßig vorbeiflüchtenden Sauen boten ein gutes Ziel, trotz Nebel und Stangen. Die Frage war nur, würde der Nebel Raum genug für eine Dublette lassen?

Nach dem ersten Schuss wurden beide Stücke schneller, wobei die beschossene hintere Sau das führende Stück buchstäblich anfloh. Dadurch geriet die Marschordnung der beiden so in Unordnung, dass ich das unbeschossene Stück aus dem Glas verlor. Hilflos stocherte ich mit dem Zielfernrohr durch die Stangen. Am Rande der Sichtgrenze überschlug sich das beschossene Stück und verschlegelte. Das zweite Stück verhoffte unschlüssig, aber leider schon unsichtbar geworden, hinter der grauweißen Gardine. Ich konnte es blasen hören.

Längst hatte ich meinen zweiten Abzug eingestochen und wartete auf meine Chance. Es ist Ansichtssache, ob man sich an einer Doppelbüchse einen zweiten Stecher anbringen lassen soll. Nötig ist es gewiss nicht, aber in manchen Situationen – wie hier zum Beispiel – ist so ein zweiter Stecher doch sehr nützlich. Den plötzlichen, von wildem Krachen begleiteten Durchbruch der Sau nahm ich leider nur akustisch wahr, Freund Nebel lachte darüber so, dass mir seine Tränen auf die Hutkrempe tropften.

Erst ganz kurz vor der anrückenden Treiberwehr stürzte in kopfloser Flucht ein Rottier durch die Eichen. Die nahenden Treiber verboten jedoch den Schuss. Das Stück war beschossen und schweißte ganz beträchtlich, wie ich später erfuhr. So erklärte sich auch die ungewöhnlich hastige Fluchtweise.

Nach dem Treiben schleiften die Treiber einen etwa dreijährigen, aber doch schon 140 kg schweren Keiler auf meinen Stand. Die Kugel hatte ihm die rechte Blattschaufel zertrümmert. Durch das wilde Wegflüchten zerbrach dann der Knochen vollkommen, gab nach und löste den Überschlag des Stückes aus. Die unmöglichen Sichtverhältnisse brachten es mit sich, dass an diesem Tag trotz 48 Schüssen nur neun Sauen auf der Strecke lagen. Kein gutes, aber ein verständliches Ergebnis.

Auf dem Rückwechsel

Der dritte Jagdtag überraschte mit klarer, trockener Kälte. Schon vor dem Jagdhaus bestiegen wir diesmal unsere Folterbänke auf den Traktoren und ließen uns von dort aus dem ersten Treiben entgegenfahren. Was nimmt man als Jäger doch nicht alles in Kauf! Die täglichen Traktorfahrten verlangten viel von uns. Die Büchsen mussten unter allen Umständen geschützt und festgehalten werden. Dabei durften uns Rippenstöße, Rempler oder blaue Flecken vom Schutz unserer Heiligtümer nicht abhalten. Aller andere Ballast, einschließlich des kurz zuvor erst eingenommenen Frühstücks, wurde jedes Mal böse durcheinandergeschüttelt. Mitunter kam man sich vor wie im Innern einer Waschmaschine. Kein Wunder, dass die aufgerufenen Schützen jedes Mal froh und erleichtert vom Anhänger sprangen. Riesig war wieder das erste Treiben angelegt, zumal die Treiber wieder kilometerweit durch den Hochwald antreiben mussten. Das hatte zur Folge, dass sich die Wehr zunächst von meinem Stand, der auf dem Rückwechsel lag, wegarbeitete. Der uns zwei Rückwechselverteidiger anstellende Jäger hatte unsere Standnummern verwechselt, was spätere Folgen hatte.

Über uns kreisten Wildgänse. Knackgeräusche machten mich auf einen Hirschtrupp aufmerksam, der sich hinter mir durchs Holz mogelte. Mitten zwischen den Hirschen zogen drei Stück Damwild. Nebenbei bemerkt kam unserem Jagdorganisator Kurt ein Keiler mitten in einem Rotwildrudel! Näher und näher kamen die Treiber. Erst als sie nur noch zwanzig Meter vor mir waren, wurde vor ihnen ein starkes Stück Schwarzwild hoch, das sich so dicht vor mir im Lager gedrückt hatte. Verwirrt durch das Toben der Treiber und zu hastig schießend, fehlte ich den Schwarzkittel auf dem Weg, an dem ich saß. Später geisterten zwei Ricken auf dem Rückwechsel herum und erlaubten mir Ansprech- und Zielübungen. Im Übrigen konnten sie froh sein, dass ich sie pardonierte; sie wären frei gewesen.

Eine Stunde später zog weitab eine Sau durchs hohe Holz, die einen Vorderlauf schonte. Hier galt es zu schießen, aber wie? Zu meinem großen Ärger wurde ich auf dieses kranke Stück, das in einer Entfernung von etwa 180 Metern mehrmals baumgedeckt verhoffte, einfach nicht fertig. Auf einen anderweitigen Erlösungsschuss hoffend, beruhigte ich mich langsam wieder. Kurz

Am alten Hochsitz

vor Treibensende aber kam heißes Leben in mein Vorfeld. Eine sehr starke Rotte suchte ihr Heil auf dem Rückwechsel. Schwer zu beschreiben ist das Gefühl, das den Saujäger überkommt, wenn er so starke, graue Brocken auf sich zuziehen sieht. Jäher, freudiger Schreck paart sich mit der Besorgnis, nur jetzt keinen Fehler mehr zu machen. Sauen, die aus dem Treiben kommen, haben alle ihre Sinne – und das sind deren sehr beachtliche – nach vorne ausgerichtet. Man unterschätze in solchen Fällen nicht den Gesichtssinn einer Sau! Ein voreiliger, hastiger Anschlag, ein Aufrappeln vom Sitzstock oder gar ein nervöser Seitensprung werden unweigerlich sofort wahrgenommen. Oberste Regel ist, spitz anwechselnden Sauen nicht entgegenzuschießen, man muss sie „kommen lassen", wie mir mein Lehrmeister, der fürstliche Wildmeister, immer wieder eingebläut hatte. Kam jetzt die Dublettenchance auf mich zu? Gut kam ich mit dem ersten Schuss auf einen Frischling in der Mitte der Rotte ab. Abdrehend nahm danach die schon ins ruhige Ziehen verfallene Rotte wieder Fahrt auf. Unglücklicherweise deckte eine dichte Schwarzdornhecke den größten Teil ihres Fluchtweges. Lediglich auf dem Weg, auf dem ich saß, sah ich dunkelgraue Huscher. Zu schmal, zu unsicher aber war mir diese Minischneise. Auch rechts vom Weg deckte dichtes Strauchwerk die Rotte. Mir blieb nichts anderes übrig, als auf der Lücke ein Stück anzufassen, im Fluchttempo mitzufahren und dann, auf die 9,3 vertrauend, in Sauhöhe in die Lücke zu schießen.

Eiferer der Waidgerechtigkeit und vor allem viele, die solche Kugeljagden in uriger, freier Wildbahn noch nie mitgemacht haben, werden jetzt empört die Stirne krausen. Ich kann ihnen nicht helfen, die Praxis und die Theorie klaffen oft weit auseinander und genau durch diesen Spalt entkommt starkes, kluges Wild. Zur Erklärung dieser „blinden" Schussabgabe möchte ich aber doch Folgendes zu bedenken geben: Eine starke Rotte Sauen bildet, wenn man so will, ein etwa 30 Meter langes, lebendes Band. Sind die Sauen verängstigt und verstört, folgen sie der führenden Bache, der „Kommandeuse", so dicht auf wie möglich, um nur ja den Anschluss nicht zu verpassen. Der hochgestellte Pürzel des Vorstückes winkt dann buchstäblich schon über dem Wurf des Nachfolgers. So gesehen, leuchtet es doch ein, dass auf dem 30-Meter-Band der Rotte allenfalls ein sauloser Zwischenraum von 3 Metern mitflüchtet. Ihn zu treffen ist schwerer, als eine Sau zu fassen. Wichtig ist eigentlich nur, dass man den Schuss in der richtigen Höhe abgibt. Dies ist bei den doch sehr niedrig stehenden Sauen wiederum nicht all zu schwer. Freilich – und das verkenne ich nicht – besteht die Gefahr von Gebrech- oder Keulenschüssen, aber die besteht eigentlich beim Schießen auf flüchtiges Wild immer. Wer reine Kugeljagden auf getriebenes Wild mitmacht, der bekennt sich auch zu diesem Risiko. Er muss bemüht sein, das Beste zu leisten, er ist aber auch seinen Jagdfreunden gegenüber zum Schuss verpflichtet. Ein Schütze, bei dem ständig Wild durchbricht, macht sich nicht sehr beliebt, er trägt zu wenig zur stolzen Strecke bei.

Nach dem Schuss klagte hinter der Hecke ein Frischling auf, ich hörte Schlegeln und Blasen, die 9,3 hatte also ihr Ziel gefunden, die Dublette, die viel schneller geschossen wurde, als hier erzählt werden kann, war also geglückt, denn auch der zuerst beschossene Kujel war im Feuer geblieben.

Die Treiberwehr bestaunte die deutlich sichtbar durch die Hecke gefräste Schussbahn der zweiten Kugel. Der helle Strich der angekratzten und abge-

schossenen Zweige führte direkt hin zum zweiten Stück, das ein etwas vergrößerter Einschuss in der Nierengegend schnell hatte verenden lassen.

Dieses riesige Treiben hatte nur sechs Sauen gebracht. Das Ergebnis enttäuschte etwas, wird aber verständlicher, wenn man bedenkt, dass die Schützen über 200 Meter auseinander saßen. Mein rechter Standnachbar, der überhaupt noch nicht auf Schwarzwild zu Schuss gekommen war, ließ sich nach dem Treiben nochmals den Plan zeigen. Dabei stellte er fest, dass er eigentlich auf meinem Stand hätte stehen müssen. Der anstellende Jäger hatte dies in der Eile des Gefechts verwechselt. Des einen Glück ist des anderen Pech, besonders auf Saujagden!

Sauen über Sauen und trotzdem Pech

Ich merkte dies beim nächsten Treiben, dem besten der ganzen Woche. Der Saureichtum dieses Treibens, das fünf Kieferndickungen umfasste, überraschte selbst die Jagdleitung, zumal im Jahr zuvor hier nur drei oder vier Sauen zur Strecke gekommen waren.

Ich erhielt einen Stand am Kopfende des Treibens, unmittelbar an einem schon durchsichtig gewordenen Kiefernwäldchen. Hinter mir zog ein 30 Meter breiter Wiesenstreifen durch. Hier herrschten Schießstandbedingungen mit freiem, gutem Schussfeld. Jedoch Sauen meiden tunlichst die Rolle des laufenden Keilers, und so kann ich gleich schon verraten, dass ich auf keine Borste zu Schuss kam. Nicht so meine Freunde. Sie donnerten sich frühzeitig ein. Schwere, klare Kugelschüsse, denen mitunter saugende, dumpfe Kugelschläge folgten, verrieten bald schon, dass die Verteidigung der langen Flanken dieses Treibens in vollem Gange war. Unser Künstler streckte so einen gewaltigen Keiler, einen enorm langen Bassen, der gut und gerne seine fünf Zentner Bahngewicht brachte. Das schwarze Monstrum war ihm zusammen mit vier sehr schwachen

Frischlingen gekommen! Leider waren die Waffen dieses Keilers abgebrochen und zu hässlichen, schwarzen Stümpfen zusammengefault.

Auch im Herzen des Treibens, einem von vier Dickungen umgebenen Akazienhochwald, kamen sage und schreibe drei grobe Keiler zur Strecke! An den Flanken blieben von den wirklich massenweise wegflüchtenden Überläufern und Frischlingen immerhin neun auf der Strecke. Der Direktor dieses Reviers schoss dabei vom Jagdwagen aus, der schon auf dem Platze stand, an dem später Strecke gelegt werden sollte, noch ganz zuletzt eine Dublette auf Frischlinge.

Die ganze Zeit wunderte ich mich schon, dass von den ohnehin nur spärlich vorhandenen Hunden überhaupt nichts zu hören war. Dieses Treiben erbrachte mir des Rätsels Lösung. Kurz vor der stets eng geschlossen und vorbildlich ausgerichteten Treiberwehr wechselten noch drei oder vier Überläufer vor mir parallel zum Wiesenstreifen durchs Gehölz. Ich beobachtete die Rotte, zum Nichtschießen verdammt, genau. Eine fuchsrote Hundekreuzung hockte, müde gelaufen und lustlos, direkt auf dem Wechsel, den die Kujels nahmen. Was tat nun der vermeintliche Sauhund, als der rauborstige Zug anrollte? Er äugte demonstrativ weg und ließ die Sauen seelenruhig vorbeiziehen!

Übrigens kamen mir in diesem Treiben nicht weniger als fünf Füchse, von denen ich einen vorderlaufkrank schoss. Kugelfüchse liegen eben nicht umsonst am Kopfende der Strecke!

Als es dunkelte, standen wir vor 19 sauber gestreckten Sauen – die Ungarn setzten dabei das Wild auf den Brustkern –, aus denen die vier sehr starken Keiler herausragten. Es stand jetzt schon fest, dass diese Jagdtage neue Maßstäbe in der Chronik dieses ohnehin sehr berühmten Reviers setzen würden. Beim Jagen in freier, unbegrenzter Wildbahn treffen all die günstigen Fakto-

ren, die eine so beachtliche Strecke letztlich erbringen, nur alle paar Schaltjahre zusammen.

Was Wunder, dass an diesem Tage die Tassen besonders lange kreisten? Bis tief in die Nacht hinein wurde erzählt und berichtet. Jäger frönten ihrer Erzählerlust, frei aller Alltagssorgen, unbeschwert und glücklich. Gerade das hundertprozentige Jägerseindürfen ist es, was solche Jagdwochen so wertvoll und unvergesslich macht.

Hätte ich …

Am nächsten Tag sollte als krönender Höhepunkt das beste aller Treiben genommen werden. Immerhin standen noch ein paar Schützen unter uns, die bisher keine Sau geschossen hatten, ja, kurioserweise hatte ein Jagdfreund noch keine Sau gesehen. Sie glaubten nun an ihre Stunde. Ideal sah dieses Sumpf-, Schilf- und Moorgelände aber auch wirklich aus. Ich erhielt meinen Stand an einem Riedgraben, den gebleichtes Schilf säumte. Blendend weiße Birkenstämme leuchteten vom dunklen Wald herüber, und eine geheimnisvoll düstere Kiefernschonung machte mir auf der anderen Grabenseite große Hoffnung. Schon beim Angehen wurde ein starkes Rotwildrudel locker, das im Schilf gestanden hatte. Ich hatte noch nicht geladen und musste daher passen. Ein sehr früher Doppelschuss vor mir warnte mich rechtzeitig, Sauen mussten also schon ziehen. Und da kamen sie auch schon am Grabenrand herangestampft. Einmalig war das Bild. Tiefdunkel hoben sich die Sauen vom Weiß der Birkenstämme ab. Erstaunlich zügig kamen sie vorwärts. Im stillen Grabenwasser spiegelten sich ihre Silhouetten. Jede Wendung des führenden Stücks machte die folgende Rotte mit, einer Lokomotive gleich, führte die Bache den nachfolgenden Zug. Ob es die Magie dieses einmaligen Traumbildes war, die mich so gotterbärmlich pudeln ließ? Ob ich den blitzartigen Situationswechsel unterschätzte, ich weiß es nicht mehr, fest steht, dass ich hier mehr oder weniger versagte. Zwar sah es niemand, ich saß auf weiter Flur alleine, aber ich ärgere mich noch heute, wenn ich nur daran denke! Auf etwa 50 Meter ließ ich die Rotte, die nach einem bequemen Grabenübergang suchte, herankommen, dann beschoss ich ein breit stehendes Stück. Wie der Blitz überfielen die Sauen nach dem Schuss alle auf einmal den Graben. Im ungünstigsten Augenblick, nämlich beim Sprung über das Wasser, fuhr mir der zweite Schuss aus dem Lauf. Prompt zischte die Kugel hinter dem bezielten Stück in den aufspritzenden Schlamm. Jede Sekunde auf das Umkippen der zuerst beschossenen Sau wartend, verfolgte ich wie hypnotisiert und bewegungsunfähig die in die Kiefern hineinpolternde Rotte.

Hätte ich nachgeladen, wäre mir der jetzt erst auf dem Wechsel nachkommende Keiler schwerlich entgangen. So sah er natürlich mein hastiges Aufklappen der Doppelbüchse und verhöhnte mich, indem er mir mit seinem langquastigen Purzel sein „Nimmerwiedersehen“ zuwinkte. Es war mir ein schlechter Trost, dass mich das zuerst beschossene Überläuferchen am Ende des Treibens, sichtlich krank, nochmals anwechselte, sodass ich es mit einem sauberen Tellerschuss doch noch zur Strecke bringen konnte.

Während des ganzen Treibens strichen zahlreiche bunt schillernde Fasanenhähne pfeilschnell über die Birken. Sie weckten in mir schon die Vorfreude auf unseren abschließenden „Fasanentag“, der sich an die vier Saujagdtage anschließen sollte. Trocken, hart und rasant war der Flug der Januarhähne, nicht zu vergleichen mit dem Geflatter der überfeisten und erst halb ausgefiederten Oktobergockel.

Das Ergebnis dieses Treibens, das im Vorjahr sage und schreibe 24 Sauen gebracht hatte, war sehr schlecht. Es lagen ganze zwei Sauen. Eine grobe Sau und ein Reh waren krankgeschossen und kamen nicht zur Strecke.

Mitten unter den Sauen

Viele Hoffnungen, besonders die Erwartungen all derer, die immer noch keine Sau auf der Schwarte liegen hatten, konzentrierten sich auf das Nachmittagstreiben. Ich konnte wahrlich zufrieden auf dem Traktor hocken, hatte ich doch vier Tage hintereinander jeweils schon im ersten Treiben Waidmannsheil auf Sauen gehabt. Mein Morgenbruch am Hute fiel schon kaum noch auf. Plötzlich sah ich vom Traktor aus zwei starke Sauen im Stangenholz stehen. Trotz wilden Getobes gelang es uns nicht, den Fahrer zum Halten zu bewegen. Mit tränenden Augen sahen unsere drei Schneider dem so greifbar nahen und doch wieder unerreichbar fernen Wild nach.

Wieder wurde ich mit zwei anderen Jagdfreunden zum Querriegel in ein riesiges Treiben hineingesetzt. Die Jagdleitung war angesichts des bisherigen Erfolges etwas wurstiger geworden. Ich wurde daher einfach in einen Hochwald hineindirigiert mit der Order, mir selbst dort einen zusagenden Stand zu suchen. Ein passionierter Jäger weiß, dass man in solchen Fällen sehr konfliktbeladen seinen Sitzstock auseinanderklappt. Zu viele gute Stände locken und blenden. Man tut gut, nicht zu lange herumzutappen, letztlich kommt es dann doch anders, als man es sich vorgestellt hatte. Ich fasste daher auf einem etwas erhöhten Fuchsbau Posten, hoffend, dass sich ein auf die Läufe gebrachter Rotrock dieser Schutzburg erinnern würde.

Dem einzelnen Schießen nach ließ sich dieses Treiben nicht schlecht an, Sauen mussten bereits an mehreren Stellen unterwegs sein.

Schon machte auch mich ein brechender Dürrast auf eine Rotte aufmerksam, die etwa 200 Meter von mir entfernt durchwechseln wollte. Langsam, immer wieder ins Vorfeld sichernd, geisterten die starken, grauen Wildkörper durchs Stangengewirr. Die Versuchung zu einem Weitschuss zwickte und zwackte mich. Längst klebte ich an einer Akazie und verfolgte im Zielfernrohr, das ich auf zehnfach gedreht hatte, den Wechsel der Rotte. Wenn sie die Richtung beibehielt, musste sie Philipp kommen, der rechts neben mir querriegelte. Philipp stoppte bisher mit seiner wunderschönen Doppelbüchse sehr erfolgreich die ihn anlaufenden Sauen. Er hatte schon sieben Schwarzkittel auf der Strecke liegen.

Fast schon zum Schuss entschlossen, merkte ich am Nackenwind, dass die Rotte jede Sekunde von unserem Meister Wind bekommen musste. Und da verhoffte auch schon das führende Stück mit steifen Vorderläufen und hohem Wurf. Wie durch einen göttlichen Gönner ferngelenkt, schwenkte die Rotte direkt auf mich zu. Wie viele Rotten mochten so schon vor den ahnungslosen Schützen abgedreht haben? Die Sauen, denen Philipps Wind mulmig war, legten nun einen deutlichen Zahn zu, um schneller aus dem Treiben zu kommen. Ich hatte kaum mein Zielfernrohr auf die kleinste Einstellung zurückgekurbelt, da hatte sich der graue Heerwurm schon auf Schussweite herangeschlängelt.

Nervös machte mich, dass die Sauen auf Tuchfühlung an mir vorbei wollten. Dies hatte nämlich die fatale Folge, dass ich sie bis zuletzt spitz und daher unbeschießbar – jedenfalls meiner Einstellung nach – vorhatte. Auf etwa zehn Gänge, im Fernrohr war längst alles grau in grau, drehte das erste Stück purzelschwenkend ab. Es erhielt sofort die Kugel und nahm in geradezu wahnwitziger Todesflucht die verwirrte Rotte mit. Nur so ist es erklärlich, dass die Überläufer sogar dem Halbkreis, den das wunde Stück zog, folgten. Wieder einmal zu hitzig schießend, vergab ich mit der zweiten Kugel eine todsichere Dublettenchance. Erst der dritte Schuss rempelte – anders kann ich es einfach nicht bezeichnen – einen zweiten Überläufer aus der Bahn. Es ist mir bis heute noch unverständlich, dass dessen Anschuss keinerlei Pirschzeichen erbrachte und dass das sichtlich kranke Stück – ich sah es ja auf 15 Gänge deutlich vor mir – nicht zur Strecke kam.

Am Schluss dieses Treibens lagen sieben Sauen, vier davon hatte unser Querriegel erbeutet. Ein Jagdfreund vom Rhein, der bisher etwas glücklos gewaidwerkt hatte, hatte zwei Sauen und ein Reh liegen.

Zum Abschluss Fasanen

Mit diesem Treiben war die eigentliche Saujagd beendet. Die mitgebrachten Flinten wurden hervorgeholt und zusammengesetzt. Jeder stellte eine dickbauchige Patronentasche bereit, da wir mit gutem Besatz zu rechnen hatten. Auf den Hinweis des Jagddirektors, dass auch in den Fasanentreiben Sauen vorkommen könnten, trat unser Freund Hubert, ein echter „Meister"-Schütze, als Hersteller von Flintenlaufgeschossen in Erscheinung. Er schnitt einfach die Papphülsen der Schrotpatronen in Pfropfenhöhe fast ringsum durch. Schüsse mit diesen Patronen zeigten zu unser aller Verblüffung Wirkungen wie Flintenlaufgeschosse. Die Schrotladung klumpte sich nämlich zusammen und erzielte auch auf weitere Entfernung noch „durchschlagenden" Erfolg. Schon jetzt kann ich verraten, dass bei der Fasanenjagd drei Sauen mit diesen Notgeschossen zur Strecke kamen. Freund Hubert selbst ließ dabei einen Frischling auf über 60 Meter rollieren. Aber diese „Erfindung" ist nicht ungefährlich! Leicht kann eine Laufsprengung eintreten, wenn doch einmal so eine abgetrennte Hülsenhälfte im Lauf stecken bleibt. Vor Nachahmung ist unbedingt zu warnen!

Das Wetter unseres Fasanentages konnte überhaupt nicht besser sein. Ein stahlblauer Winterhimmel ließ dieses Flugwild geradezu unwirklich schön erscheinen. Eine strahlende Wintersonne hatte uns zudem mehrere Füchse im Schilf, das getrieben wurde, gelassen, auf die selbstverständlich eifrig geschossen wurde.

Gestraft durch meine Unart, billige Versandhauspatronen zu verschießen, hatte ich im ersten Treiben auf dem besten Stand einen Hülsenklemmer. Tatenlos musste ich Hahn auf Hahn und Henne auf Henne vorbeistreichen lassen. Von allen Seiten schrie man auf mich ein, schließlich schämte ich mich sogar vor der Treiberwehr, die sich wiederum aus etwa 60 Zigeunern rekrutierte. Erst im zweiten Treiben hatte ich wieder taugliche Läufe. Zusammen mit einem Berufskollegen holte ich sämtliche uns anfliegende Kopffasanen herunter. Ein Genuss ganz besonderer Güte aber war es, Freund Hubert, den Meister im jagdlichen Schießen, zu beobachten. Er stand vielfach in der zweiten Reihe und langte sich alle gefehlten, fast schon aussichtslos abgestrichenen Fasanen herunter. Er zauberte dabei 50-Meter-

Schüsse am laufenden Band; man kann es einfach nicht glauben, wenn man es nicht gesehen hat.

Das dritte Treiben ließ sich sehr harmlos an. Ein kilometerlanges, aber relativ schmales Feldgehölz wurde durchstreift. Wir saßen linienweise auf Querwegen. Es war – wie immer bei solchen Wintertreiben – interessant zu sehen, wie wieselflink und wie weit das Fasanenfußvolk vor der Treiberwehr herläuft. Kaum hatten wir unsere Stände eingenommen, huschten schon die ersten Hennen über den Fahrweg. Die Treiberwehr hatte sich weit vor uns noch nicht einmal aufgestellt, da schlüpften schon die dunkelköpfigen Hähne heran. Sie hatten auf jeder Feder ein Auge, bekamen uns gleich weg und wagten sich nicht über die Wegschneise.

Als das Lärmen der Treiber schließlich einsetzte, kamen die ersten Tiefflieger dicht über den Erlenkronen angezackt. Man war schon glücklich, wenn ein dumpfer Aufschlag im Hintergelände wenigstens den zweiten Schuss als Treffer quittierte. Zum großen Glück für manchen Hahn steckten im Herzen dieses Treibens acht Sauen. Verständlicherweise weigerten sich diese Kujels – nur sie vertrauen ihre Schwarte solch unsicheren Feldgehölzen an – sehr lange, das offene Feld anzunehmen. War das ein Gejohle und Getobe! Die Vorstehhunde verbellten, Hähne gockten, aufgeregte Revierjäger zogen Schützen näher an den Bail heran und die Treiberwehr geriet völlig durcheinander. Viele Fasanen retteten jetzt ihre langen Stöße. Aber das Fasanenopfer zahlte sich mit drei Sauen aus. Die allgemeine Freude und das Hallo der Schützen waren groß.

Im letzten Treiben schoss ich dann doch noch den lang ersehnten und von meiner Frau so heiß begehrten Fuchs. Kurz vor der Treiberwehr fegte er wie ein Strich aus den Kiefern, machte fast vor meinen Füßen noch einen Hahn hoch und beendete danach mit einem luntenwinkenden Salto sein Räuberleben. Füchse wurden übrigens von den Treibern sofort und in Minutenschnelle abgebalgt, sodass abends auf der Strecke stets nur die leeren Bälge lagen.

Der Fasanentag enttäuschte von der Strecke her etwas; wir schossen mit 14 Flinten 132 Fasanen, drei Sauen und zwei Füchse. Geplant und angesagt waren eigentlich 300 Langstößige, also mehr als das Doppelte. Dabei wurde im Großen und Ganzen gut geschossen. Die meisten Jagdteilnehmer stammten aus dem Frankfurter Raum, der ja mit Niederwild wirklich gesegnet ist.

… und noch einmal Sauen

Am sechsten Tag gab uns der Direktor des Reviers sozusagen als Abschiedsgeschenk nochmals ein großes Sautreiben, das bis 1 Uhr mittags dauerte. Der zuständige Revierjäger hatte mehrere Rotten in den Dickungen bestätigt. Es knallte nochmals ganz lustig. Leider galten viele Schüsse Rehwild und Füchsen. Im Treiben waren etwa 30 Sauen, Rot- und Damwild, Rehwild und Füchse. Freund Philipp unterstrich seine Jagdkönigwürde mit einem Keiler und einem Frischling. Der Keiler kam ihm so nahe, dass er – schon tödlich getroffen – den Sitzstock, den der Schütze schleunigst räumen musste, um nicht überrannt zu werden, umfloh.

Auf der Strecke lagen vier Sauen, fünf Rehe und ein Fuchs. Mir kamen drei Sauen, die ich wegen der zu nahen Treiberwehr unbeschossen vorbei ließ. Später unterhielten mich Rehe und ein Damspießer.

Mit diesem Treiben ging die „Große Jagd" zu Ende. Sie hatte uns 62 Sauen, darunter 13 Keiler gebracht. Wir waren alle glücklich und zufrieden, konnten wir doch auf dieses in freier Wildbahn erzielte Ergebnis wirklich sehr stolz sein. Leider ließ die dieses Jahr herrschende, ungewöhnlich warme Witterung

ein Legen der Gesamtstrecke nicht zu. Wir alle hätten nur zu gerne das fürstliche Bild mit den 62 Sauen gesehen. Wenn irgendwie möglich, sollten solche mehrtägigen Wildjagden doch mit dem Legen der Gesamtstrecke, die doch am eindrucksvollsten das Geschehen der Jagdtage widerspiegelt, ausklingen.

Wir verabschiedeten uns mit Hörnerklang von unseren Gastgebern. Jeder hegte die stille und wahrscheinlich auch berechtigte Hoffnung, im nächsten Jahr wieder dabei sein zu dürfen.

Moderne Jäger sind schnell beweglich. Wir verließen um fünf Uhr nachmittags das südungarische Revier und erreichten morgens gegen sechs Uhr schon Frankfurt am Main. Müde und froh, wieder heil den Heimathafen erreicht zu haben, schoben wir uns unverzüglich in die vorgewärmten Betten zum wohlverdienten Schlaf ein.

Erst vor einigen Wochen nahm ich an einer Saujagd teil, die zeigte, mit welchen Überraschungen man auf derartigen Jagden rechnen kann. Wir jagten bei Wetzlar. Ich saß auf einem Drückjagdbock mitten in einem riesigen Treiben. Um mich herum hatte ich schon so um die dreißig Schüsse gezählt, es war also allerhand los. Im Verlauf der ersten zwei Stunden sah ich aber nur neun Rehe und einen Fuchs. Alles Wild flüchtete aber so weit von meinem Stand entfernt durch den Hochwald, dass ich meine Büchse nicht einmal in Anschlag bringen musste. Den Fuchs hätte ich ja zu gerne geschossen, auch wenn er mich in einer Entfernung von mehr als hundert Metern passierte, aber der rote Schelm riskierte im lichten Hochwald nichts und verhoffte kein einziges Mal.

Dann brach die letzte Stunde an, die Stunde, deren Minuten bei solchen Jagden nur noch im Zeitlupentempo vorbeiziehen. Das meiste Wild hat das Treiben schon verlassen, nur zurückflutende Hunde bringen um diese Zeit noch etwas Abwechslung für den ausharrenden Jäger. Der kann sich jetzt mit Muse der winterlichen Vogelwelt um seinen Stand herum widmen. Ab und an fällt noch weit entfernt ein Schuss, aber Salven auf durchbrechende Rotten hört man nicht mehr. Und doch ist das Treiben noch nicht ganz zu Ende.

Ein väterlicher Freund, Graf von O., stand einmal mit einer Standbegleiterin bei so einem Trieb im Buchenhochwald. Die Begleiterin langweilte sich schon eine ganze Weile, schaute öfter auf die Uhr und sagte zum Schützen:

„Jetzt wird wohl das Treiben gleich zu Ende sein." „Oder es geht erst richtig los", sagte der hoch passionierte Graf und schon polterte ein dreijähriger Keiler den Hang herunter auf den Grafen zu, erhielt die Kugel und ging bravourös über Kopf. Dann war das Treiben wirklich zu Ende.

Auch ich döste auf meinem Bock schon reichlich unaufmerksam vor mich hin und schaute alle paar Minuten auf die Uhr. Auf einmal knallte es nicht gar so weit unter mir zwei Mal, ein Zeichen, dass auf Sauen geschossen worden war. Wach geworden griff ich mir meine Büchse, für den Fall der Fälle. Und schon sah ich tief unten im Hochwald mehrere Sauen hochkommen. Sie hatten zwar nicht genau meine Richtung, aber ein so uriger spannender Anblick ist auch immer ein versöhnlicher Abschluss eines langen Treibens. Die Sauen wechselten zwei Stände neben mir an. Der dortige Schütze, den ich nicht sehen konnte, musste der Rotte entgegengeschossen haben, denn auf einmal polterte sie stichgerade auf meinen Stand zu. Sehr starke Frischlinge waren es und auch ein etwas stärkeres Stück lief in der Perlenkette, die sich mir immer wieder von dicken Stämmen verdeckt jetzt näherte. Ich hatte schon den roten Punkt im Abkommen eingeschaltet – geizig wie ich bin, schalte ich auf Ständen, die weite Sicht gewähren, die kleine Batterie immer ab – und der rote Punkt folgte schon einem Frischling, der sich vor mir gerade über quer liegendes Fallholz quälte. Die Sauen waren nicht mehr besonders schnell, sie hatten also schon eine weite Anreise hinter sich. Etwa dreißig Meter vor meinem Sitz schoss ich das anvisierte Stück, das jetzt genau spitz auf mich zukam, zwischen die Lichter. Ich weiß nicht, ob es Ihnen auch so geht, aber bei anwechselnden Sauen habe ich immer den Eindruck, sie sehen in ihrem Vorfeld alles, dem ist aber nicht so. Der Wutz verschwand zwischen den Fallholzstämmen, der Rest der Rotte wandte sich nach rechts und versuchte, die etwa hundertfünfzig Meter entfernte Dickung zu erreichen. Einer weiteren breit vorbeiflüchtenden Sau trug ich die Kugel an. Ich merkte sofort, dass ich etwas hinten, waidwund abgekommen war. Tatsächlich sah ich, als ich dem Stück jetzt nachblickte, schon Gescheide an seiner linken Seite herauskommen. Obwohl das Stück jetzt spitz von mir wegflüchtete, gab ich ihm noch eine Kugel, natürlich und notgedrungen auf die Keule. Wie sich später herausstellte, war dies natürlich ein böser Schuss, aber hätte ich das Stück einfach laufen lassen sollen? Mit Sicherheit wäre eine längere

Nachsuche, vielleicht fast ohne Schweiß, erforderlich gewesen und mit Sicherheit hätte dieses Stück unsere Strecke, die später aus 15 Sauen, 5 Rehen und 4 Füchsen bestand, nicht mehr bereichert.

Diese Sau wurde jetzt langsamer, sie konnte nicht mehr weit weg. Sie machte auch einige Pausen, blieb also stehen. Irgendwie verlor ich das Stück kurz aus den Augen, dafür verhoffte ein weiterer Frischling etwas verwirrt, unsicher wartete er auf das kranke Stück. Er gab mir Gelegenheit zu einem Schuss hinter den Teller, die Entfernung betrug vielleicht achtzig Meter. Dann aber war die Rotte durch, die Jagd war jetzt auch zeitlich zu Ende. Sofort fiel mir ein Spruch meines verstorbenen Freundes Helmut ein: „Solange die Glocken noch läuten, ist die Kirche nicht aus."

Ich kletterte von meinem Ansitzbock und kämpfte mich regelrecht über das quer liegende Fallholz zu meiner ersten Sau hin. Ein Frischlingskeiler lag vor mir, er mochte dreißig Kilo wiegen. Meinem Versuch, ihn gleich mit auf den nahen Weg hinaufzuziehen, widerstand er beharrlich.

Auch das zweite Stück, wieder ein Keilerchen, konnte ich nicht gleich bergen, obwohl es bedeutend näher oben am Weg lag.

Mit meinem Standnachbarn zusammen zog ich dann beide Stücke auf den Weg heraus, dann suchten wir beide den Keulenanschuss des dritten Stückes. Ich hatte mir die Stelle genau gemerkt, wir fanden dort sehr viel Schweiß. Die breite rote Bahn führte unter die ersten Christbäume der nahen Dickung. Mein Begleiter war es eigentlich, der vorschlug, der Wundfährte zu folgen, bei so viel Rot konnte sie sich ja nicht lange hinziehen.

Ich äußerste so meine Zweifel, ließ mich aber überreden, zumal ich das Stück selbstverständlich auch gerne gleich auf der Strecke gesehen hätte. Drei Brüche, noch dazu von einem Grafen überreicht, machen halt mehr aus als zwei!

Wir legten also unsere Gewehre ab, die Sitzkissen und unsere Mäntel, und dann tappten wir los. Zweimal noch warnte ich, allerdings nicht richtig entschlossen, dass das Stück noch auf den Läufen sein könnte. Da der Schweiß aber immer mehr wurde, schlüpften wir auf ihm unter die ersten Fichtenäste. Es kam, wie es kommen musste. Es dauerte keine dreißig Sekunden, da nahm uns der Kujel auch schon an. Mein Helfer spritze nach links und ich nach rechts weg. Ob man unser altersbedingtes Wegwuchteln noch als

„Sprinten“ hätte bezeichnen können, sei einmal dahingestellt, ich bezweifle es. In der Regel aber bringen annehmende Sauen oft Scheintote noch zum Laufen. Die Sau hatte es auf mich abgesehen, sie grunzte sehr böse unmittelbar hinter mir. Jetzt hätte natürlich mein Dackel da sein müssen, aber der befand sich irgendwo im großen Treiben, wahrscheinlich hatte er schon einen Lift zum Treffpunkt gefunden. Aber wie es bei schwerkranken Stücken nun einmal ist, das Stück ließ bald schon wieder von mir ab und schob sich wieder unter die Fichten.

Später holte uns ein Hundeführer ab, der mit seinem Drahthaar und vier Pistolenschüssen das Drama endlich beenden konnte. Die Sau hatte sich bis dahin immerhin schon gute zweihundert Meter in die Dickung hineingeschafft. Wir konnten sie aber jetzt mit den anderen beiden Stücken mit zur Strecke bringen.

Oft, wenn ich an dieses Erlebnis zurückdenke, muss ich an den Spruch des alten Grafen denken: „Die Jagd ist vorbei oder sie beginnt erst jetzt.“

Keiler, die ich nicht bekam

Leider reiht sich im Leben eines Saujägers nicht ein Erfolgserlebnis an das nächste. Manche können da erzählen, was sie wollen, Fehlschüsse oder Fehlschläge bleiben da nicht aus. Ehrlicherweise muss ich daher auch von einigen Keilern berichten, die ich nicht bekam.

Vielleicht geht es Ihnen ja auch so, dass Wild, das man fehlte oder nicht bekam, mit der verstreichenden Zeit in der Erinnerung mehr und mehr zu wachsen anfängt, Trophäenträger werden dabei immer stärker, Flugwild wird immer schneller, zuletzt raketenhaft.

Meine Keilerwand wäre um etliche, wirklich große schwarze Rundschilder reicher, wenn ich die Keiler dazubekommen hätte. Immer wieder muss ich an diese Misserfolge denken, unzählige Male sind mir solche Hauptschweine schon im Traum oder in Stunden, in denen ich meinen Erinnerungen freien Lauf ließ, erschienen.

Den ersten wirklich guten Keiler fehlte ich im Saupark Büdingen in den späten sechziger Jahren. Es war mir gelungen, mit Seiner Durchlaucht eine zweitägige Sauparkjagd für zahlende Gäste auszuhandeln. Vor dem endgültigen Vertragsabschluss gingen viele Telefonate zwischen dem Schloss und mir hin und her – wenn mein Sohn abnahm und der Fürst war am anderen Ende der Leitung, brüllte er immer durch die Wohnung: „Papa, der Durchleucht ist am Apparat."

So ein Deal war damals alles andere als alltäglich und es musste erst einmal eine Gruppe von zwölf Schützen für eine solche Jagd gefunden werden.

Auf einer Blattjagd im Schwarzwald machte ich den erschienenen Jägern den Mund für so eine Saujagd wässrig. Diese Jäger kannten Sauen zum großen Teil nur aus Büchern und Berichten und ließen sich daher nur allzu willig von meinen Versprechungen überzeugen. Den 1000 ha großen Saupark kannte ich wie meine Hosentasche, war ich doch mehrere Jahre Treiber bei den sogenannten „Adelsjagden", die eigentlich immer große Strecken erbrachten. Mein Freund, der Wildmeister Seyfried, der den Park betreute, freute sich schon auf eine Jagd ohne Blaublütler, versprach er sich doch dabei mehr Beachtung seiner Wildmeisterstellung.

Ende November trafen wir uns am Abend vor der Jagd im „Weißen Ross“ in Bad Orb. Da die künftigen Saujäger ja wissen wollten, wie so eine große Wildjagd abläuft, brachte ich meinen Freund, den Wildmeister, mit. Er leitete seit vielen Jahren diese Jagden und war prädestiniert für die richtige Einstimmung auf die kommenden zwei großen Tage. Dachte ich! Doch da setzte das große Verhängnis leider ein. Seyfried wollte seine Nervosität, vor so einer illustren Gästegruppe sprechen zu müssen, mit einem humorvollen Vortrag überspielen, das macht man ja oft so. Die Frage des Abends war natürlich: Was musste man bei so einer Saujagd beachten? Der Wildmeister beantwortete diese Frage wie folgt:

„Meine Dame – sogar eine Jägerin hatte sich damals (!) anzureisen gewagt – und Herren, merke Sie sich oins – Seyfried war Schwabe –, erst kommen die Mamas, dann kommen die Kinder und dann kommt eine Zeit lang gar nix, aber dann kommt der Papa oder der Opa!“

Alles lachte, ich natürlich auch, war mir doch die Katastrophe, die diese Einstimmung auf die kommende Jagd auslöste, damals nicht im Entferntesten bewusst geworden.

Am ersten Jagdtag knallte es weder im ersten Treiben noch im zweiten, ich konnte das überhaupt nicht verstehen, zumal ich sah, wie mehrere starke Rotten die Schützenlinie passierten, teils sogar in einem Sauparktempo, also nicht überflüchtig. Hatten die Jäger, die zum Großteil im Hochwald standen, etwa Angst vor den anwechselnden Sauen?

Am Abend des ersten Tages lag doch tatsächlich ein einziger Überläufer auf der Strecke. Unter Berücksichtigung der Standgebühren der zwölf Jäger war das mit Sicherheit der teuerste Überläufer, der je im Büdinger Saupark zur Strecke kam!

Was war geschehen? Die ganze Gruppe hatte dem erfahrenen Sauparkexperten Seyfried voll vertraut, sie ließ die Mamas mit ihren Kindern passieren und wartete auf das Erscheinen des Opas. Der aber kam nicht! Nur zwei starke Keiler, die es etwas eilig hatten, ihrer Familie zu folgen, wechselten an, waren aber zu schnell und wurden gefehlt.

Selbstredend, dass ich schon vor der Streckenlegung zum abendlichen Rapport ins Weiße Ross zitiert wurde. Mit kaltem Angstschweiß betrat ich den Speisesaal, mein Freund Seyfried hatte sich wohlweislich unpässlich gemeldet. Ein Donnerwetter ungeahnten Ausmaßes brach über mich herein.

„Scharlatan" war noch der harmloseste Titel, der mir verliehen wurde, dabei hatte ich es doch wirklich nur gut gemeint mit den unerfahrenen Jägern. Die Strecken der Vorjahre schwankten für die beiden Jagdtage immer zwischen siebzig und hundert Sauen. Völlig zu Recht konnte ich den Gästen doch reichlich Waidmannsheil auf Sauen und last but not least auch auf starke Keiler versprechen. Die Gäste waren auch prompt mit Taschen voller Kugelpatronen angereist.

Wie so oft im Leben wurden die Enttäuschung und der Frust nach dem Essen in Alkohol ertränkt. Dabei hatten sich die Hauptakteure dieser Gruppe vorgenommen, mich nicht nur blau, sondern dunkelblau zu machen, was Ihnen auch unschwer gelang. Ich hatte ein so schlechtes Gewissen, dass ich mich den auffallend häufig spendierten Stamperln mit einem scharfen Klaren einfach nicht zu widersetzen getraute. Irgendwann an diesem denkwürdigen Abend verlor ich dann vollkommen die Übersicht. Kein Wunder, ich war jung, Gerichtsreferendar im ersten Jahr und überhaupt nicht trinkfest. Heute erinnere ich mich nur noch schwach daran, dass mich zu fortgeschrittener Zeit zwei Jäger vom Klavierflügel oder gar aus diesem hoben. Offensichtlich wollte ich dort von gehobener Warte aus die Gästeschar mit einem Jagdlied besänftigen oder gar beglücken!

Der zweite Jagdtag war fürchterlich, jedenfalls für mich, die Gäste kamen Gott sei Dank diesmal etwas besser weg, wenngleich sich ihr Waidmannsheil mit dem der adeligen Jäger, die sonst diese Jagd bestritten, nicht im Entferntesten messen konnte. Das ist ganz normal, denn zu so einer Saujagd gehören neben einer gewissen Erfahrung auch Routine und großes Können, will man aus starken vorbeiflüchteten Rotten gleich mehrere Sauen herausrepetieren.

Viele Gäste des Fürsten zogen damals in der Jagdzeit von Saupark zu Saupark und kannten sich aus. Diese Erfahrung fehlte natürlich den Schwarzwaldjägern noch vollkommen. Ich sage „noch", denn in späteren Jahren lernten sie den Reiz solcher Jagden kennen und schätzen und kamen auch zu bescheidenen Erfolgen.

In der Nacht hatte es etwas geschneit, an und für sich war der Wald wunderschön anzuschauen, nicht jedoch für mich. Der helle Schnee schmerzte meine müden und verkaterten Augen, ich hätte eine Sonnenbrille brauchen können. Wie's der Teufel will, begleitete mich an diesem Tag auch noch mein Vater, er wollte auch mal so eine große Fürstenjagd erleben.

Von den ersten beiden Treiben gibt es nicht viel zu berichten, ich markierte dabei meine Stände jeweils gründlich mit wässrigem grünem Mageninhalt, war mir doch so schlecht, dass ich das Ende der Treiben kaum abwarten konnte. In der Mittagspause rebellierte mein Magen unglücklicherweise in der Nähe des Fürsten nochmals kräftig. Dies veranlasste meinen braven Vater, der sich natürlich für seinen Filius gewaltig schämte, zum Fürst hinzugehen und Seiner Durchlaucht doch tatsächlich zu sagen: „Glaum's mas, Durchlaucht, sonst ist der ned so!"

Im letzten Treiben, dem Ziegelkopf, stand ich mit meinem Vater auf einem Forstweg. Ich wusste, dass ich einen guten Stand, einen sogenannten Fürstenstand hatte. Die Sauen, die in diesen Nachmittagsstunden schon unten an der großen Fütterung versammelt waren, kamen den Hang wieder hoch und wechselten über diesen Weg zu den vier Fichten hinauf.

Leider litt ich immer noch sehr, ich sehnte das Ende des Jagdtages herbei. Wenigstens knallte es munter in der Runde, Sauen kamen ja reichlich vor.

Auf einmal sah ich links unter mir auf dem Wechsel, den ich leidlich einsehen konnte, weil die Buchenrauschen schon viel von ihrem braunen Blattwerk verloren hatten, einen ganz starken Keiler anwechseln. Das war ein typischer rabenschwarzer Sauparkkeiler, kurz im Gebäude, aber sehr hoch. Ich riss mich zusammen, so gut es ging, und erwartete den Bassen auf dem Weg. Leider traute mir mein Vater, der hinter mir stand, aber noch keine konzentrierte Aktion zu. Er gab mir von hinten einen kräftigen Stoß, sodass ich mit der Stirn an das Zielfernrohr stieß, und rief: „Pass doch auf, a Trumm Sau!"

Sauparkkeilern kann man viel nachsagen, sie betteln stundenlang am Zaun nach Futter, aber wenn auf sie gejagt wird, ändern sie ihr Verhalten sofort. Schließlich haben sie in ihrem Leben schon etliche große Wildjagden erlebt und durchgestanden. Auch dieser Keiler erkannte die Gefahr und beschleunigte blitzartig. Er überflog buchstäblich den Weg, auf dem er sonst vielleicht verhofft hätte und tauchte in die anschließende Fichtendickung ein. Meine Kugel, eine 9,3 x 74, kerbte die Wegmitte zu einem Zeitpunkt, als der Keiler überhaupt nicht mehr zu sehen war. Bei meinem Zustand und dank der väterlichen „Unterstützung" war ein anderes Ergebnis überhaupt nicht zu erwarten. Ein hochkapitaler Keiler war mir durch die Lappen gegangen, ob ich ihn ohne die gut gemeinte Warnung meines Vaters allerdings getroffen hätte, wage ich heute noch zu bezweifeln, mir ging es damals einfach zu schlecht.

Vielleicht aber habe ich diesen Keiler ein Jahr später doch noch gestreckt, denn ich schoss im Nachbartreiben einen ganz kapitalen 8-jährigen Urian. Sein Alter konnte mir der Wildmeisterfreund anhand einer Ohrmarke genau mitteilen.

Dieser Keiler folgte damals in einem Abstand von circa fünfzig Metern einer großen Rotte, die durch ein Waldtal wechselte. Die Rotte war allerdings für meinen Stand eigentlich viel zu weit weg, sie passierte den Talboden etwa fünfzig bis siebzig Meter noch über meinem Nachbarschützen. Ich beobachtete die Rotte lange Zeit, wie sie sich den Gegenhang hocharbeitete. Es waren einige Bachen mit vielen Frischlingen.

Als ich mich schon wieder meinem Vorfeld zuwenden wollte, sah ich im linken Augenwinkel plötzlich den starken Keiler, der den Anschluss an seine Familie konditionsbedingt etwas verpasst hatte. Mit weit offenem Gebrech und vielen Stopps kämpfte er sich den Gegenhang hoch. Da er fast mehr stand als zog, ritt mich plötzlich der Teufel. Warum mein Nachbarschütze nicht längst gefeuert hatte, wunderte mich, das hielt mich aber nicht davon ab, nun meinerseits einmal einen geradezu artilleriemäßigen Schuss auf den Keiler abzugeben. Für die 9,3 x 74 war es ein weiter Schuss, ein sehr weiter Schuss, und ich weiß heute nicht mehr genau, wie viel ich überhaupt über den Keiler gehalten hatte. Der Schuss veranlasste den Keiler immerhin zu einem etwas beschleunigten Hochziehen. Für einen zweiten Schuss gab er mir keine Chance. Kurz darauf verschwand er hinter dem Kamm.

Jetzt erschien auf der Fährte der Rotte eine Bracke, die ab und an Spurlaut gab. Auch die Bracke verschwand oben hinter dem Kamm, aber dann, ich konnte es kaum fassen, ging der Spurlaut der Bracke in ein tiefes, dunkles, stellendes Verbellen über. Ich mochte es kaum glauben, aber dieser empörte Hundelaut konnte doch nur meinem Keiler gelten. Bis zum Ende des Treibens tönte dort oben immer von der gleichen Stelle der dunkle Standlaut oder war es gar ein Totverbellen? Jedenfalls stürmte ich nach dem Abblasen sofort den Hang hoch und stand dort einige Meter hinter dem Kamm vor einem mächtigen, uralten Keiler. Dieser war längst verendet, meine Kugel war ihm etwas hoch durch die Lungen gefahren. Das war zweifellos der

größte Duselkeiler, den ich je gestreckt habe. Deshalb hat es mich auch ganz besonders gefreut.

Als mir der hohe Jagdherr am Abend den Bruch überreichte, sagte er mir schmunzelnd, heute haben Sie einen „Fürstenkeiler" gestreckt.

Einen zweiten, sehr starken Keiler bekam ich zwei Jahre später im gleichen Saupark ebenfalls nicht. Dort jagte wieder unsere Schwarzwaldgruppe, die jetzt regelmäßig zur Saujagd erschien. Leider regnete es an diesem Jagdtag in Strömen, und zwar ununterbrochen. Die dicken mausgrauen Buchenstämme weinten bitterlich. An ihren grünbemoosten Wurzelansätzen bildete das unablässig herablaufende Regenwasser weißlich grüne Blasenschwämme. Nur Hochwasser hätte noch schlimmer sein können.

Im ersten Treiben stand ich in einem herrlichen Buchenaltholz. Der verfluchte Regen trübte jedoch das schöne Bild nachhaltig ein. Die Sicht war schlecht. Ich hatte mich Schutz suchend an eine dichte Buche gelehnt – Drückjagdböcke gab es damals noch nicht – und versuchte, mich und meine Doppelbüchse wenigstens einigermaßen vor dem Regen zu schützen. Mein Zielfernrohr hatte ich unter dem Puls in den Jackenärmel geschoben, um wenigstens die Linsen einigermaßen trocken zu halten. Wie ein Häufchen Elend klebte ich so am Baum, der große Jagdtag, auf den ich mich schon das ganze Jahr gefreut hatte, zerrann regelrecht im Wasser. Lautlos vor mich hinhadernd sah ich auf einmal doch eine starke Rotte Sauen von unten auf mich zuwechseln. Wie eine große schwarze Lokomotive führte eine uralte Sauparkbache den langen Zug an. Ich pulte das Zielfernrohr aus meinem Ärmel und machte mich fertig. Die Sauen passierten mich auf circa vierzig Meter, sie trollten hangaufwärts, der strömende Regen machte sie unaufmerksam. Obwohl die Optik des Zielfernrohrs etwas beschlagen war, sodass ich sie noch schnell etwas sauber reiben musste, konnte ich ohne große Anstrengung erst einen Überläufer und dann noch einen Frischling strecken. Echte Sauparkexperten hätten blitzartig nachgeladen und eine weitere Dublette geschossen. Ich aber war mit meinem Doppelerfolg sehr zufrieden und schaute lange dem schlegelnden und hangabwärts walkenden Frischling nach. Dabei achtete ich nicht auf mein Zielfernrohr, über das sich jetzt der Regen hermachte, weil ich es nicht mehr in meinem Ärmel schützte. Vor lauter Staunen über diese Regendublette hatte ich auch noch ganz vergessen, die Büchse wieder zu laden. Einen solchen Fehler darf man gerade in einem Saupark nie machen, damit beginge man ja eine jagdliche Todsünde. Das Erlebnis mit dieser ellenlangen Rotte beschäftigte mich noch zu sehr. Es kam, wie es in einem solchen Fall natürlich kommen musste, jetzt folgte tatsächlich der von Seyfried seinerzeit weit hinter der Rotte avisierte Opa. Ich sah damals den schwarzen Kasten, der es eilig hatte, den Seinen zu folgen, viel zu spät. Für einen Schuss hätte es aber schon noch gereicht, wenn ich, ja wenn ich mich auf dem Stand so verhalten hätte, wie es die Sauparkjagd nun einmal erforderte. Hastig fingerte ich jetzt aus der Doppelbüchse, die keinen Projektor hatte, die langen 9,3 Hülsen heraus. Dann suchte ich in der Jackentasche, in die es leider hineingeregnet hatte, die Patronenschachtel. Diese war aufgeweicht und hatte sich in Kleinteile aufgelöst, sodass ich wenigstens zwei Patronen schnell greifen konnte. Als ich die Büchse zuklappte, passierte mich gerade der Keiler. Er beschleunigte nur mäßig, als er das fummelnde Etwas an der dicken Buche wegbekam. Man merkte ihm, aus dessen offenem Gebrech Dampfwolken pufften, an, dass er schon einen weiten steilen Fluchtweg hinter sich hatte. Wie gesagt, es hätte noch gereicht, aber im Anschlag traf mich dann das zweite Malheur, die Linsen des Zielfernrohres waren in der kurzen Zeit meiner Frischlingsbetrachtung nass geregnet worden. Außer einigen herrlichen Spektralfarben sah ich überhaupt nichts, nicht einmal das Abkommen konnte ich erkennen. Da half auch ein hastiges Wischen mit nassen Fingern nichts mehr, die Optik versagte mir ihren Dienst und das völlig zu Recht. Der Keiler zog derweilen etwa hundertfünfzig Meter weiter oben über den Kamm des Hanges, selbst auf diese Entfernung glaubte ich noch seine stark vergrößerten, hellgrau leuchtenden Steine unter dem Pürzel zu erkennen. Ich schaute ihm traurig nach.

Heute noch sehe ich diesen Keiler vor mir, wie er den Hang hochkam. Er hatte das Gebrech, aus dem zwei elfenbeinfarbene lange Gewehre blitzten, weit geöffnet, seine braunen Lichter blitzten auf, als er mich erkannte. Die Gewehre waren lang und breit, Schaum tropfte aus dem Gebrech. Von Jahr zu Jahr werden diese Keilerwaffen länger und länger, ich kann ihr Anwachsen einfach nicht aufhalten, hätte ich diesen Keiler damals bekommen, wüsste ich die Waffenlänge und bräuchte mich nicht bis an mein Lebensende weiter grämen, dass ich auch diesen starken Sauparkkeiler nicht bekam.

Ein weiterer, ganz gewaltiger Keiler geht mir nicht aus dem Kopf. Mit ihm stieß ich in der Türkei in der Nähe von Kütahya zusammen. Damals, im Jahre 2005 jagte ich mit meinem leider verstorbenen Freund Rudi Humme im Mai dort auf Keiler. Unser Domizil hatten wir im letzten noch bewohnbaren Haus eines verlassenen Dorfes aufgeschlagen. Das ganze verfallene Dorf hätte eine fabelhafte Kulisse für einen Fernsehkrimi abgegeben.

Wir saßen nicht etwa an Kirrungen, wie heute in der Türkei leider vielfach üblich, sondern wir pirschten, besser, wanderten in den Mondnächten durch eine weite Ebene. Diese wurde von einer eingleisigen Bahnstrecke, die von Ankara nach Nirgendwo und wieder zurückgeht, in zwei Hälften geteilt. Die Sauen haben sich längst an die Züge, die sich schon lange vorher durch lautes Rattern bemerkbar machen, gewöhnt. Trotzdem wurde kurz nach unserer Jagdwoche ein ganz uriger Keiler in dieser Ebene von einer Lokomotive überfahren. Wenn ich mir die Situation vor Ort vorstelle, muss es sich in diesem Fall um einen Selbstmörder gehandelt haben, denn mehr Platz zum Ausweichen vor einem Zug, wie an dieser Bahnstrecke, gibt es in der ganzen Welt nicht.

Links und rechts des Bahnkörpers zogen sich endlos weite Getreidefelder. Die Frucht war damals fast schon hüfthoch und zu meiner großen Verwunderung kauten die Sauen schon die Ähren, in die noch nicht einmal Milch eingeschossen war. Aber dunkelgrüne Spelzkugeln zeugten eindeutig vom nächtlichen Sauenbesuch.

Merkwürdigerweise sahen wir bei diesen Mondscheinpirschen nur einzelne, dafür aber gewaltige Keiler. Diese waren schon auf weiteste Entfernung im Getreide auszumachen, da sie mit der ganzen oberen Körperhälfte aus dem Grün ragten. Von Weitem sah es immer so aus, als läge ein großer Felsbrocken im Feld. Dieser Vergleich zwang sich nicht zuletzt deshalb auf, weil sich die Sauen kaum bewegten, sie standen und griffen sich Ähren, die ihnen buchstäblich ins Gebrech wuchsen. Die Felder grenzten zu den Bergen hin an riesige rund gewaschene Felsen. Von Zeit zu Zeit, etwa alle ein bis zwei Kilometer, hatte Wasser schmale Lücken in die Felsen gefressen und aus diesen Einschnitten zogen die Keiler auf die Felder.

Mein einziger Keiler aus Kütahya.

Rudi hatte zur Vorbereitung dieser Jagd das Gebiet sorgfältig abgefährtet, er wusste ganz genau, an welcher Stelle mit Keilern zu rechnen war. Die alten Burschen waren zwar vorsichtig, aber nach Mitternacht standen sie doch draußen in den Feldern. Die einheimischen Bauern lagen dann in ihren Betten, ein Zusammentreffen mit Menschen hatten sie daher nicht zu befürchten.

Am letzten Tag unserer Jagdwoche konnten wir wieder einmal auf sehr weite Entfernung einen offensichtlich sehr starken Keiler ausmachen. Wir gingen ihn im Schatten des Bahndammes an. Vorsichtig brauchten wir noch lange nicht zu gehen, denn der Keiler war noch weit weg. Erst, als wir uns auf etwa hundert Meter genähert hatten, blieben Rudi und der türkische Forstbeamte, der uns immer begleitete, zurück. Ich ging den Keiler weiter an, der sich nicht vom Fleck rührte. Erst diente mir ein schmaler Weidenbusch am Fuße des Bahndamms als Deckung, dann konnte ich mich noch an einen Telegrafenmast auf etwa siebzig Meter an den Keiler heranschieben. Der Wind war gut, der Keiler stand bombenfest, er war so gut wie tot.

Erst als ich am Strommast anstrich und das Stück ins Visier nahm, sah ich die gewaltigen Ausmaße dieses Bassen. Er war ja zwei Mal so lang wie unsere starken Sauen, von der Höhe einmal ganz zu schweigen. Hier muss ich allerdings sagen, dass alle türkischen Keiler, die ich sah oder streckte, auffallend hochläufig waren. Es handelte sich eben um reinrassige Wildschweine, denn Kreuzungen mit Hausschweinen gab es in der Türkei nicht, da solche wegen ihres, aus der Sicht der Moslems, unreinen Fleisches nicht gehalten wurden.

Die Hochläufigkeit war wohl auch der Grund, warum dieser Keiler das bereits hüfthohe Getreide noch so weit überragte. Zu den Sternstunden eines Jägerlebens gehört es zweifellos, einen solchen Bassen im Zielfernrohr zu haben. Nur der Finger am Abzug bestimmt noch sein Ende. Der Anblick dieser Sau, die jetzt auf einmal im Mondlicht ganz silbern glänzte, war so aufregend, dass ich automatisch den Schuss etwas hinauszögerte. Ich genoss ganz einfach die Situation und war mir bewusst, dass eine ähnliche in meinem Jägerleben in diesem Rahmen nicht mehr wiederkommen würde. Fast fiel es mir schwer, die nächtliche Idylle mit einem donnernden Schuss zu stören. Aber schließlich siegte doch die Leidenschaft, ein so starkes Wild zu erbeuten. Ich brachte den Zielstachel vor den Widerrist des Keilers, tunkte nach unten und schoss. Fast noch mehr als der laute Schuss hallte der dumpfe Kugelschlag über die nächtliche Ebene. Donnerwetter war das ein Kugelschlag. Ein Paukenschläger hätte weit ausholen müssen, um diesen Klang zu erzielen. Der Keiler fiel im Schuss um, er tauchte einfach im Halmenmeer unter.

Begeisterungsschreie hinter mir. Meine beiden Begleiter rückten nach. Sie hatten zwar den Keiler nicht fallen sehen, aber der Kugelschlag hatte auch sie überzeugt.

„So schießt man mit der 7 x 64 einen Keiler", sagte ich zu Rudi, der immer stärkere Kaliber für diese Jagd haben wollte. Im Gänsemarsch gingen wir zum Anschuss. Plötzlich wurde der Keiler hoch und flüchtete zu den Felsen hin. Zum Glück kam er nicht auf die Idee uns anzunehmen. Die Situation wäre günstig für ihn gewesen. Weit und breit stand kein Baum, nicht einmal ein Strauch, hinter den wir hätten flüchten können. Hinzu kommen zwei völlig unbewaffnete Jäger und ein Dritter, der sich seiner Sache wieder einmal so sicher war, dass er gar nicht erst eine neue Kugel in den Lauf repetiert hatte, eine Stümperei ohnegleichen. Sie brachte mich auch um diesen Keiler. Wie sich zeigte, hatte dieser gekrellte Basse am Boden schon gewaltig mit den Läufen gerudert und geschlagen, aber das konnte ich wegen des hüfthohen Getreides leider nicht sehen. Aber das blitzartige Zubodengehen hätte mich schon warnen müssen, mit einer neuen Kugel im Lauf hätte ich diesen Keiler trotz Schrecksekunde bei diesem Licht wahrscheinlich schon noch gestreckt.

Aber jetzt war die einmalige Chance vertan, die weite Getreidefläche lag ruhig im Mondschein, so als wäre nie etwas geschehen.

Gerade, weil ich das Gewaff dieses Keilers überhaupt nicht sah, lässt mich heute noch der Schmerz nicht ganz los, vielleicht einen Lebenskeiler verpasst zu haben. Keiler mit vierundzwanzig bis achtundzwanzig Zentimeter sind in dieser Gegend ja keine Seltenheit.

Mehrfach schon erschienen mir die Umrisse dieses Keilers im Traum, aber am schlimmsten verfolgt mich der dumpfe Kugelschlag, er geht und geht mir einfach nicht aus den Ohren.

Meine armselige Stümperei wird erst so richtig deutlich, wenn ich hiermit gestehe, schon vorher in der gleichen Nacht einen starken Keiler verfehlt zu haben. Die Situation, als dieses dunkle schwarze Trumm von Sau vor uns auf einmal aus den Felsen kam, war mehr als aberwitzig, sie ging auch hier auf einen Leichtsinn zurück.

Rudi und ich hatten uns für diesen Platz, den der Keiler hundertprozentig passieren musste, extra Stühle mitgebracht. Wir saßen in einem Distelhorst am Rande eines Getreidefeldes. Lange tat sich nichts, aber die Nacht war so fantastisch ruhig, erholsam und schön, dass mich der Ansitz schon so beglückte.

Auf einmal stumpte mich Rudi und zischte gleichzeitig: „Der Keiler."

Von der mondbeschienenen Felswand vor uns hatte sich ein dunkler Klumpen gelöst und zog langsam in den Acker hinein. Dieser Keiler war bei dem hellen Mondlicht, bei seiner gewaltigen Größe und bei seinem völlig vertrauten Verhalten – er war wahrscheinlich in seinem langen Keilerleben noch nie um diese Nachtzeit einem Menschen begegnet – überhaupt nicht zu fehlen. Doch gemach: Erstens kommt es anders und zweitens als man denkt!

Ich ging in Anschlag und hatte den starken Keiler auf etwa fünfzig Meter scheibenbreit im Zielfernrohr. Leise stach ich ein, dann wünschte ich dem Bassen im Geiste doch tatsächlich ein schnelles und schmerzfreies Hinüberwechseln in die ewigen Jagdgründe und berührte vorsichtig den gestochenen Abzug. Ein lautes „Klick" ertönte. Meinem doch so frommen und wohlmeinenden Wunsch folgte unverzüglich ein gewaltiger Fluch, der sofort den Wunsch wieder aufhob.

Der Keiler, der sicherlich noch nie in seinem Leben so ein Klicken vernommen hatte, reagierte dennoch blitzschnell, eben wie ein alter, mit vielen Wassern gewaschener Keiler so zu reagieren pflegt. Er wuffte vor der reaktionsschnellen Flucht kurz auf und polterte an uns vorbei in das weite Feld hinunter. Ich dachte an einen Versager und fluchte deshalb so total verärgert. Es half nichts mehr, dass ich die Patrone schnell herausrepetierte und bis ich zum sofortigen Schießen eine neue Patrone in die Kammer brachte, war der Keiler weg, die große unwiederbringliche Chance war vertan.

Rudi schnappte sich die ausgeworfene Patrone und schüttelte nur den Kopf. Vorwurfsvoll hielt er mir das Fundobjekt hin. Ich traute meinen Augen nicht, er zeigte mir eine abgeschossene leere Hülse. Was war jetzt wieder los? Am Abend zuvor hatte ich auf der Pirsch in dieser Ebene einen starken Keiler geschossen. Da er lag, hatte ich gar nicht erst noch mal repetiert und so war die leere Hülse im Patronenlager verblieben.

Am Abend darauf sah ich beim Öffnen des Kugellagers die Patronenhülse und dachte, ich hätte in der Nacht zuvor die Büchse nur entspannt und das Geschoss im Lauf gelassen. Deshalb spannte ich nur den Abzug wieder. So kam es dann zu diesem verhängnisvollen leeren Klicken, das mich auch diesen Keiler kostete. Damals bin ich von der wunderschönen Türkei mit nur einer Keilertrophäe heimgeflogen, drei hätten es sein können, ja eigentlich sein müssen.

Im November 2008 jagte ich mit meinem Sohn und anderen Freunden in den Elbauen. Die dortige Landschaft war wie eigens für Schwarzwild geschaffen. Finstere Erlenbrüche rahmten große, helle Schilfflächen ein, fast mannshohe Brennnesselstauden bildeten in den etwas lichteren Waldteilen den Unterwuchs. Leider hatte sie noch kein Frost flach gelegt, sodass sich viel Wild an den Schützen vorbeistehlen konnte.

Ich erhielt dort am ersten Tag einen Stand in einem Auwaldstreifen. Der Ansteller machte mir große Hoffnungen, im vergangenen Jahr hätte der Schütze dieses Standes reichlich Waidmannsheil gehabt. Solche Sprüche habe ich schon viel gehört, aber sie bauen immer wieder nichtsdestotrotz eine große Erwartungshaltung in mir auf, die das stundenlange Warten auf dem Stand kaum merkbar macht.

Beim Ersteigen des Drückjagdbockes knallte plötzlich vor mir, ja fast unter mir peitschenartig ein Dürrast und ein wirklich respektabler, pechschwarzer Keiler brach unter einem umgefallenen Baum, der, wie sich später herausstellte, über einem Bombentrichter lag, hervor. Der Keiler suchte hochflüchtig das Weite. Als ich das Magazin des Repetierers füllte, sah ich noch seine gewaltigen Steine. Als ich durchrepetiert hatte, sah ich noch das schräg wegflüchtende immer kleiner werdende Wild. Als ich endlich den roten Punkt anhatte, sah ich nur noch einen schwarzen Wischer am fernen Horizont verschwinden. Der Keiler hatte seine prächtige Schwarte in Sicherheit gebracht und tauchte im Laufe dieser Jagd nirgendwo mehr auf. Das mag einmal auf den noch hohen Bewuchs zurückzuführen sein, zum anderen lassen sich alte erfahrene Keiler nicht einfach kilometerweit treiben. Sie kennen das Spiel und halten dagegen.

Dieser Vorfall alleine machte die Jagd aber noch nicht unvergesslich. Später kamen mir zunächst einige Rehe. Dabei beschoss ich ein Schmalreh, etwa zehn Meter vor dem Keilereinstand. Es zeichnete deutlich und flüchtete in die Brennnessel- und Brombeerwildnis um den gefallenen Stamm herum. Nach dem Treiben fanden wir das Stück, es lag unten im Trichterboden, im tiefen badewannengroßen Kessel des Keilers! Als ich das Reh dort unten aufhob, merkte ich erst so richtig, welcher gewaltige Basse mir da entgangen war.

Verrückte Ansitze

Von den vielen Ansitzen auf Sauen in allen möglichen Revieren muss ich immer an ein paar bestimmte zurückdenken. Dies deshalb, weil sie nicht programmmäßig abliefen, im Gegenteil, sie waren einfach verrückt, anders kann ich sie nicht bewerten.

Eigentlich kann es doch einfach kein Zufall sein, dass sie fast alle im Revier meines Freundes Dieter im Taunus stattfanden. Manchmal scheint dieses Revier verhext zu sein. Der jagdliche Jahresturnus des Reviers hüpft immer auf und ab, es gibt keine verlässlichen Jahreswerte, sieht man einmal davon ab, dass der jährliche Wildschaden fast immer die Pachthöhe erreicht. Sauen müssen dort scharf bejagt, ja fast bekämpft werden. Mit Zufallsbegegnungen darf man sich da nicht abfinden, die wären zu selten und würden die Wildschadenskasse nicht auffüllen. Also half man nach, so gut es eben ging.

Oft denke ich an einen meiner ersten nächtlichen Sauansitze im Taunus, bei meinem Freund Dieter zurück. Es war Mai, der frisch gesäte Mais kam gerade sehr zur Freude des Schwarzwildes aus der Erde. Der volle Mond leuchtete schon überhell die Feldmark aus, als ich mit meiner heutigen Frau, die „Aug", eine Kanzel am Waldrand erkletterte. Wir waren jung, wir waren verliebt, es konnte eine wunderschöne Nacht werden.

Zuvor muss ich aber noch kurz die Geschichte erzählen, die dieser Kanzel den Namen „Die Aug" eingebracht hat. Für meinen Freund Dieter ist sie von ausschlaggebender Bedeutung, denn er kam dadurch zu seiner Taunusjagd. Dieses Revier, Schwickershausen, hatte ein Mandant von mir gepachtet. Das war ein Mann, der es durch immensen Fleiß zu einem gewissen Wohlstand gebracht hatte, mit der Folge, dass er sich dieses Revier „leistete", wie er immer sagte. Wohlstand will erarbeitet sein, zumindest zur damaligen Zeit wollte er auch erspart sein. Da kannte man noch keine plötzlich explodierenden Wertpapierkurse und kein Lotto, und grün angezogene Leute gingen auch nicht in Spielhallen.

Dieser Pächter war dazu noch ausgesprochen geizig. Er baute sich seine abenteuerlich aussehenden Leitern und Kanzeln meist alleine, das Material dazu wurde nicht gekauft, sondern überall gesammelt und mitgenommen.

So wollte dieser Waidmann auch die Kanzel erbauen, von der hier die Rede ist. Als er dabei einen langen Nagel krumm schlug, warf er diesen nicht etwa weg. O nein, er zog ihn mühselig wieder aus der Kanzelstrebe und versuchte, den Nagel auf einem nahen granitenem Grenzstein wieder gerade zu klopfen. Dabei geschah es dann. Beim hastigen Hämmern – der Mann war leider auch noch immer in Eile – sprang ihm ein Steinsplitter in sein rechtes Auge und dieses lief sofort aus. Der Mann erhielt ein Glasauge, im Geschäft ging es wieder, aber die Nachtjagd konnte er nicht mehr ausüben. Kein Wunder, mit einem Glasauge sieht man nichts, und ein Auge, noch dazu das, mit dem er vorher nicht zielte und schoss, reichte eben dazu nicht aus.

Als ich merkte, dass meinem Mandanten das Revier, das er vorher heiß geliebt hatte, mehr und mehr zur Last fiel, brachte ich meinen Freund Dieter ins Gespräch, der auf Reviersuche war. Die Sache klappte, Dieter baute die Unglückskanzel zu Ende und gab ihr wenig zimperlich, wie er nun einmal war und ist, den Namen „Die Aug“.

Auf dieser Kanzel hatten nun wir beide Platz genommen. Vor uns lief ein etwa sechzig Meter breiter Maisacker weit ins Feld hinaus. Es war unheimlich hell, so hell, dass man schon ohne Glas die blutjungen Maisspitzen auflaufen sah. Vor der höchsten Kuppe dieses Ackers, aber ein paar Kilometer entfernt, glitzerte die ununterbrochene Lichterkette der Autobahn nach Köln vorbei. Ich war wie immer damals übermüdet, kein Wunder bei meinen täglichen und nächtlichen Aktivitäten.

So überließ ich bald meiner Geliebten mein Fernglas, tauchte ab und rollte mich auf dem harten Kanzelboden zum Schlafen hin. Vorher hatte ich meiner Begleiterin noch nachhaltig die notwendigen Verhaltensregeln beigebracht. Wenn Sauen auftauchen sollten, sollte sie mir auf die Schulter treten, mehr nicht. In kürzester Zeit war ich fest eingeschlafen und schnarchte wohl auch. Kein Wunder bei der verklemmten, fast embryonalen Lage. Meine Freundin wagte es aber nicht, mir das Schnarchen auszutreiben. Sie genoss den herrlichen Blick auf die eingesäten, keimenden Felder.

Ich weiß wirklich nicht, wie lange ich so geschlafen hatte, plötzlich bekam ich den ausgemachten Schultertritt. Sofort wusste ich Bescheid und zog mich vorsichtig nach oben. Heute würde so eine Hochsitzakrobatik nicht mehr ohne ganz erhebliche Schmerzen und noch dazu im Zeitlupentempo gelingen. Ich setzte mich auf und ließ mir das Glas geben. Was ich weit draußen auf dem Maisacker sah, brachte mich nicht gerade in Wallung, ein einzelner Hase mümmelte dort herum. Zugegeben, bei dieser Beleuchtung sah er durch das Nachtglas geradezu riesig aus, aber einer Sau glich er nun wirklich nicht. Tiefschlafgestört und natürlich auch enttäuscht stellte ich meine Freundin ziemlich in den Senkel, sie war danach etwas beleidigt.

Aus den denkbar verschiedensten Gründen war meine Partnerin damals aber völlig zu Recht eingeschnappt. Versprochen war ihr eine romantische Vollmondnacht in der freien Natur, geliefert wurde ihr ein harter Kanzelsitz und ein unter ihr schnarchender Jäger, der dann auch noch pampig wurde, als sie ihm auftragsgemäß weckte, weil sie glaubte, ein Wildschwein zu sehen. Vom Mond ließen sich schon ganz andere Nachteulen täuschen, auch Jäger. Der Vollmond ist ein großer Gaukler, er versteht es meisterhaft, auf der Erdenbühne zu zaubern.

Ein Jagdfreund von mir erlebte sein Vollmondwaterloo im Spessart. Ein Sauansitz bei Vollmond war im Bibertal geplant. Vorher stärkten sich die Jäger noch im Dorfgasthaus. Einheimische kamen an ihren Tisch und man lateinerte mit ihnen. Manche der Dörfler hatten eine gewisse Wilderererfahrung, alle aber hatten große Jagdpassion. Wald und Wild gehörten einfach in ihr Lebensbild, ja machten es in vielen Fällen erst spannend und interessant.

Und so nahm es kein Wunder, dass einer der Zuhörer, nachdem er erfuhr, dass es auf Sauen gehen sollte, bat, mit ansitzen zu dürfen. Mein Freund gewährte ihm die Bitte und so zog man bald los, hoch zum Waldesrand. Damals und zum Teil auch heute noch war im Spessart der Wald staatlich, das Feld hingegen war verpachtet. Die Ansitze der Feldpächter standen meist auf den ersten Gewannwegen vor dem Wald, und zwar so, dass alles, was auch nur den Kopf aus dem Wald reckte, beschossen werden konnte. Viel gefackelt wurde damals nicht, Wild, ganz besonders Sauen hatten nichts, aber auch gar nichts zu lachen. Die Bauern hassten und verfluchten sie, die Feldjäger rissen Funken, sobald sich Borsten zeigten.

Die beiden saßen schon längere Zeit auf der Kanzel, es wurde kälter und kälter. Den passionierten Begleiter schüttelte die Kälte so, dass der ganze Hochsitz zitterte. Aber er hielt aus, er durfte die ganze Zeit das Nachtglas benutzen, was ihm auch ohne Wildanblick mehr als faszinierte.

Plötzlich röchelte er: „Wuzze, owe links." Schon war es um ihn geschehen, er konnte kaum mehr das Jagdglas halten, aber dem Jäger übergeben wollte er es schon gar nicht mehr. Wann hätte er jemals wieder so Sauen beobachten können? Er wollte zwar schauen, aber noch hitziger drängte er natürlich auf einen Schuss des Jägers.

„Nemm die öwerst, nemm die unnerst, nemm die schwirzst", zischte er den Jäger an.

Auch dieser hatte die drei dunklen Punkte im reifigen Feld erspäht und ging in Anschlag. Das Wild bewegte sich, verhoffte aber auch wieder, mit anderen Worten, das Zielkreuz fand ein Stück aus der Gruppe, ob es nun das Schwirzeste oder das Unnerste war, ließ sich nachher nicht mehr klären, die ganze Kanzel kochte vor Aufregung nach dem Schuss.

„Was hast de denn gesehe", fragte mein Freund den Mann mit dem Nachtglas. „Ei nix, ich bin so erschrocke, als es den Schlach gedan hot, da heb ich's Glas verrisse."

Jetzt nach dem Schuss sahen beide nichts, nichts lag am Anschuss und nichts in dessen Nähe.

„Was mache mer etz?", fragte der bibbernde Begleiter.

„Nix, etz gehe mer aner drinke, morje frie wern mers gewa, was los is."

Widerwillig fügte sich der Begleiter, er wäre zu gerne mit einer Sau triumphierend in die Gaststätte, die damals an den Wochenenden noch lange nach Mitternacht Licht hatte, eingezogen.

Aber auch so gab es genug zu erzählen, „Drei Wuzze sin uns gekomme, mords Brocke", und dergleichen mehr.

Am Morgen kam dann die Ernüchterung. Am Anschuss lag ein Hase, ein starker Waldhase zwar, aber von einer Sau trennten ihn Welten.

Wieder einmal hatte der Vollmond mit Erfolg gegaukelt.

Angesichts dieser Geschichte, die sich aber ein paar Jahre nach meinem Mondansitz abspielte, waren meine Vorwürfe völlig unberechtigt. Damals kroch ich wieder nach unten, ich wollte aber nur noch geweckt werden, wenn tatsächlich Sauen auf den Acker kamen. Die über mir sichernde Beobachterin hatte es jetzt wirklich nicht leichter. Zu ihrer Ehre kann ich berichten, dass sie sich konsequent, eben typisch fraulich verhielt, sie ließ mich einfach schlafen. Irgendwann mitten in der Nacht rappelte ich mich dann doch auf, man hat ja in solchen Situationen auch seine Verpflichtungen. Ich ließ mir das Glas geben und schaute auf den Mais hinaus. Was sah ich dort? Ganz am oberen Ende brach seelenruhig ein Überläufer! Jetzt aber wären Vorhaltungen wirklich angebracht gewesen. Meine spätere Frau beobachtete schon längere Zeit dieses schwarze Ding am Horizont, getraute sich aber nicht, mich noch einmal zu wecken, weil sie sich nicht ganz sicher war, ob das dunkle Etwas auch tatsächlich eine Sau war.

Ich bewies ihr das dann ein paar Minuten später, indem ich den Überläufer, der uns auf einer schnurgeraden Maisreihe allmählich näher gekommen war, einfach erlegte.

Dieter verfügte immer über reichliche Kuchenabfälle aus seiner Konditorei. Mit diesen ließen sich die Schwarzkittel sicher anlocken. Diese sind ja Feinschmecker und derartige Delikatessen finden sich sonst nicht im Wald unter dem Laub.

Wieder einmal im Dezember fuhr ich zu einem Sauansitz in den Taunus. Im Kofferraum hatte ich einen Plastiksack mit Kuchen, ja sogar Tortenabfällen. Ich fuhr früh genug, konnte daher meine Fracht noch rechtzeitig an der Kirrung ausbringen. Es war bitterkalt und es lag hoher Schnee. Noch bei gutem Büchsenlicht schlüpfte ich mit meinem Plastiksack in die Kieferndickung hinein, in der die Kirrschneise lag. Der Sack knatterte furchtbar laut in der klirrenden Kälte. Jegliches Wild, soweit in der Nähe, musste da schon die Flucht ergreifen. Ich fuhrwerkte ja in der Dickung herum wie ein Treiber, der ganz bewusst Lärm machen möchte. Es half nichts, ich musste zur Schneise vor und meinen Kuchen loswerden. Allein das Ausschütten der letzten Kuchenreste erzeugte ein geradezu bretterndes Getöse. Aber ich wollte ja wenigstens sechs Stunden den Kuchen bewachen, in dieser Zeit konnte viel passieren, gestörtes Wild konnte zurückkommen, anderes Wild konnte anwechseln, die Sache war auch nach dieser gewaltigen Störung spannend.

Mit dem zusammengefalteten Plastiksack unter dem Arm erklomm ich ein paar Minuten später die Kanzel am Dickungsrand. Im oberen Drittel der Leiter konnte ich schon die Schneise einsehen und was ich da sah, hätte mich fast von der Leiter gefegt. Ein starker Überläufer stand schon am Kuchen! Er musste ja dort schon auf mich gewartet haben. Dass er nicht gleich aus dem Sack

fressen wollte, wunderte mich fast. Die Situation war mir sehr verdächtig. Erlaubten sich etwa meine Jagdfreunde einen Scherz mit mir? War die Sau überhaupt echt? Ich verharrte auf dem oberen Leiterteil und beobachtete durch die Sprossen hindurch das Stück. Dieses schien hocherfreut über meine Gaben zu sein, es inspizierte sehr gründlich das breit gestreute Warenangebot. Die Sau war so beschäftigt, dass ich ohne besondere Vorsicht einfach mit meinen sieben Sachen in die Kanzel steigen konnte.

Natürlich schaute ich danach sofort wieder zum Kirrplatz. Vielleicht hatte sich der Spuk ja wieder aufgelöst. Dies war aber nicht der Fall. Als ich jetzt das Wild mit dem Fernglas näher in Augenschein nahm – es war immer noch leidlich hell –, warf sich dieses plötzlich auf die Kuchenreste und suhlte sich ausgiebig! Das hätte man ja mit einem Buchenteer nicht besser hinkriegen können, dachte ich mir. Die ganze Situation war unheimlich. Das hatte doch eigentlich mit einer Saujagdrealität überhaupt nichts mehr zu tun!

Ich kam aus dem Staunen überhaupt nicht mehr heraus. Jetzt zeigte mir die Sau ihre runden Keulen. An ihnen klebte beidseitig die Sahne einer Schwarzwälder Kirschtorte!

Dieses Rätsel konnte nur ein Schuss lösen. Hätte ich damals nicht geschossen, was die skurrile Situation durchaus auch gerechtfertigt hätte, wäre ich später beim Erzählen dieser Beobachtung als Jagdlateiner allererster Güte abgetan worden. Also fällte ich das Todesurteil über diesen Überläufer. Aber in all der Aufregung und dem Zweifel hatte ich ja überhaupt noch nicht geladen! Jetzt wollte ich dem Spuk in der Schneise aber eine faire Chance geben, ich repetierte einfach laut eine Patrone ins Kugellager. Das laute metallische Klacken störte den Kujel überhaupt nicht, nicht im Geringsten. Schwerhörig konnte er ja nun wirklich nicht sein, ihn hatte ja kurz zuvor auch das Geknatter des Plastiksackes angelockt.

Mit wahrlich keinem guten Gefühl berührte ich dann den eingestochenen Abzug. Im Schuss kippte die Sau um, mitten in das breite Kuchenbett hinein. Das war's. Fast wartete ich auf ein Hohngelächter von nahen Jagdfreunden. Selbst an so ein Ding wie „Vorsicht, Kamera!“ dachte ich kurz. Mit weichen Knien stieg ich ab und krauchte zu meiner „Beute“ hin. Diese lag kuchenversuhlt und süßlich duftend mausetot in der Schneise. Schweiß sickerte aus dem Ausschuss, die Sau war echt.

Einen derart kurzen Sauansitz hatte ich bis dato noch nie zu verzeichnen. Mein Freund Dieter war mehr als überrascht, als ich schon nach nicht einmal zwei Stunden mit einer Sau im Kofferraum bei ihm eintrudelte. Wir wussten beide nicht so recht, ob wir uns freuen sollten. Die Sache stank doch irgendwie. Wir standen vor einem echten Rätsel.

Dieses wurde ein paar Wochen später aufgelöst. Aus einem Wildpark, der zwei Reviere entfernt lag, waren kurz zuvor drei Überläufer ausgebrochen. Mir war einer der Ausbrecher gekommen. Rechtlich ging der Abschuss in Ordnung, jagdlich haftete ihm ein gewisses Hautgout, genauer gesagt, ein süßer Tortengeruch an und der verblieb bis heute.

Am 22. November 1988 setzte im Taunus starkes Tauwetter ein. Die ohnehin dünne Schneedecke, die in diesem Jahr erstaunlich zeitig gefallen war, schmolz zusehends weg. Auf dem Laubwaldboden zeigten sich schon in den frühen Abendstunden die ersten dunklen Flecken. Wieder saß ich im Revier meines Freundes Dieter auf Sauen an, gar nicht weit vom obigen Tatort entfernt. Besorgt sah ich den vorher hellen Untergrund blasser und dunkler werden. Es tropfte von den hohen kahlen Buchen, Dunst ließ die vertraute Umgebung um die Kanzel herum gespenstig erscheinen. Um ein Uhr wollte mich Dieter, der mit einem anderen Jagdgast unten im Feld ansaß, abholen. Zwei Füchse hatte ich im Verlauf des langen Ansitzes geschossen, die noch gesucht werden mussten. Unendlich langsam krochen die Leuchtziffern meiner Uhr dem Abholzeitpunkt entgegen. Endlich war es dann so weit. Dieter hupte unten auf der Straße, ich hatte ausgewartet. Mit der Handlampe gab ich ein kurzes Leuchtzeichen nach unten, um zu signalisieren, dass ich die Abholer bemerkt hatte.

Steif geworden schälte ich mich aus dem Schlafsack, fast unbeholfen schlüpfte ich in meine Schuhe. Die Kanzeltür hatte ich bereits geöffnet, um besser rangieren zu können. Auf einmal hörte ich quer durch den Buchenhang Sauen anwechseln, Nachtjäger kennen das hastige Tappen der ruhelosen grauen Nachtgeister. Mir wurde heiß, auch ohne Schlafsack. Dieter, der mich sicherlich wie immer an der Kanzel abholen wollte, um so drei Sekunden eher zu erfahren, was ich alles gesehen habe, würde unweigerlich mit der Rotte zusammenlaufen, wenn nicht noch ein Wunder geschah. Nur ein schneller Schuss konnte dies bewirken.

Mit fertiger Waffe erwartete ich die Sauen, sah sie aber immer noch nicht. Jetzt schien es schon überall um mich herum zu tapsen, die Sauen mussten sehr nahe sein, aber der Dunstschleier des verflixten Tauwetters lag wie eine Tarnkappe über dem Wild. Links vor mir, etwa 30 Meter entfernt, wurde es immer dunkler, das musste die brechende Rotte sein. Durch das Nachtglas konnte ich einzelne Stücke nicht ausmachen, an Schießen war überhaupt nicht zu denken.

Mit dem Drilling in der rechten und dem Glas in der linken Hand wartete ich auf Erleuchtung – vergebens. Die Geräusche hatten ihren Höhepunkt erreicht, es wuselte und raschelte, Saujägers kleine Nachtmusik war in vollem Gange. Wenn ich an den anrückenden Dieter dachte, wurde mir ganz schlecht. Verzweifelt versuchte ich, durch das Zielfernrohr ein Stück frei zu bekommen. Plötzlich geschah das Unvermeidliche, Dieter pfiff unmittelbar unter meiner Kanzel unseren Erkennungspfiff. Augenblicklich war die Rotte mucksmäuschenstill, aber vor mir im grau gewordenen Schnee hoben sich nun plötzlich eckige, sichernde Sauhäupter ab. Sie mussten zu einer Überläufer- oder Frischlingsrotte gehören, da alle Häupter etwa gleich groß waren. In heißer Eile tunkte ich das Absehen in ein solches schwarzes kantiges Haupt und schickte die Kugel in allerletzter Sekunde auf die Reise.

Die Wirkung war eine doppelte: Die beschossene Sau quittierte die Kugel mit Todesquieken, der arme Dieter warf sich flach auf den nassen Waldboden. Er war zu Tode erschrocken und glaubte, ich hätte ihn mit einer Sau verwechselt. Zeit zum Nachdenken war ihm nicht mehr verblieben, sonst hätte er sein Manöver sicherlich für unnötig gehalten: Wenn ich auf ihn geschossen hätte, hätte er den Knall ja ohnehin nicht mehr gehört. Ihm war die Stille in der Kanzel sowieso schon unheimlich geworden, daher sein vorsichtiger Pfiff.

Auch der Jagdgast im Auto bekam es gewaltig mit der Angst zu tun und kam den Hang hochgehastet. Schon von Weitem schrie er: „Was ist passiert?"

Passiert war eigentlich nicht viel, ich hatte nur in allerletzter Sekunde eine Sau geschossen, einen Frischling von 23 kg, der mausetot am Anschuss lag.

Im selben Revier und von derselben Kanzel aus hatte ich ein Jahr später wieder so ein merkwürdiges Jagderlebnis.

Wieder, wie sollte es auch anders sein, saß ich nachts auf Sauen an. Es lag Schnee, ein heller kalter Wintermond leuchtete den Buchenhochwald aus. Einen Mümmelmann, der sich erst sehr spät zum feldwärts Ausrücken entschlossen hatte, sah ich schon auf hundert Gänge mit den bloßen Augen, so hell war es damals. Deshalb hatte ich auch meine Zweifel, ob sich Sauen überhaupt in den Hochwald wagen würden. Nur der dunkel, strichklare Schatten der Buchenstämme hätte ihnen dort eine minimale Deckung gegeben.

Kein Wunder, dass es lange Zeit ruhig blieb. Nur zwei Füchse, die Helligkeit nicht scheuten, da sie voll auf ihre extrem scharfen Sinne: Gehör, Sicht und Nase, vertrauen konnten, bummelten im Hochwald herum. Lange Zeit konnte ich im Nachtglas verfolgen, wie mühsam sich ihre Nahrungssuche gestaltete. Mehreren Fehlsprüngen auf Mäuse erfolgte erst ein Fang.

Einige Stunden später kamen aber dann doch Sauen, drei Überläufer. Sie kannten die Kuchentafel meines Freundes und konnten der süßen Verlockung einfach nicht widerstehen. Solch deutliche und klare Ziele hat ein Nachtjäger nicht oft vor. Deshalb stand für mich lange vor dem Schuss schon fest, dass einer der drei Schwarzen hier nicht lebend davonkommen würde. Die Nacht war vollkommen windstill, es konnte gar nichts schiefgehen. Zwar sind so eiskalte Winternächte äußerst hellhörig, aber wenn man die Sache ruhig und vorsichtig angeht, kann eigentlich nichts schiefgehen. Als der Büchslauf nach einigem vorsichtigen Hin und Her schließlich aus dem linken Kanzelfenster ragte, brachte ich das Zielkreuz aufs Blatt einer breit stehenden Sau und schoss. Wie der Teufel spritzten die drei auseinander und polterten in windender Fahrt zur Straße hinunter. Unglücklicherweise konnte ich den Wegflüchtenden nicht lange nachschauen, da sie gleich im toten Blickwinkel der Kanzel verschwunden waren. Vom Schuss angelockt kam bald schon mein Freund Dieter. Wir suchten beide lange Zeit am Anschuss herum, fanden aber keinen Schweiß. Diesen hätten wir bei der nächtlichen Helligkeit ohne Lampen schon sehen müssen. Ich wurde nervös, die Sau musste die Kugel haben. Zwar hatte ich keinen Kugelschlag gehört, dies war aber auch deshalb unmöglich, weil die Sau zu nahe stand, sodass sich Kugelschlag und Schussknall noch paarten.

Nach längerem Hin und Her holte Dieter seinen Terrier zur Unterstützung. Eigentlich wäre dies gar nicht nötig gewesen, wir konnten ja lange Zeit die weiten Fluchten der Sauen im Schnee verfolgen. Die kleine Rotte blieb zusammen bis zur Straße hinunter, also mehr als dreihundert Meter. So etwas ist immer ein sehr schlechtes Zeichen. Kranke Stücke sondern sich ab oder fahren schon gleich nach dem Schuss ins Nirgendwo hin. Wenn man auf ein Stück einer größeren Rotte schießt, muss man nach dem Schuss nur das Stück im Glas behalten, das sich aussondert. Oft flüchtet es in einem Halbkreis einfach in die Richtung, in der es stand, also dem Haupt nach. Nach einer kurzen Fluchtstrecke fängt es oft an zu taumeln und zu wanken, dann fällt es hin und man sieht eine Zeit lang die schlegelnden Läufe. Dann wird es still. Das Stück flüchtet direkt in die ewigen Jagdgründe hinüber. Ich wünsche mir dabei immer, dass es sich wenigstens bis zuletzt im Bewusstsein bewegte, der Gefahr wieder einmal entronnen zu sein.

Nach vergeblicher Suche gingen wir wieder zur Kanzel hoch, ich setzte mich nochmals und visierte den vermeintlichen Anschuss an. „Die muss die Kugel haben“, rief ich zu Dieter hinunter.

„Hat se aber net!“, konterte dieser. „Wart’, ich komm hoch.“

Er kam hoch und kontrollierte auch und dabei entdeckte er das Malheur. Ich hatte mit meiner Kugel die obere Querstange der Kanzelbrüstung zerfetzt. Diese vertrackte Stange sah ich natürlich nicht, als ich den Überläufer anvisierte. Beim Abkommen sah ich die Sau, der tiefer unter dem Zielfernrohr liegende Lauf deutete aber genau auf das Gestänge und so passierte es eben. Diese Sau musste ein ganz großer Schutzengel unter seine Fittiche genommen haben.

Ich erzähle von diesem Schuss, weil er nicht nur mir eine Lehre war, sondern weil auch der ein oder andere Leser sich vielleicht gerade vor so einer Schussabgabe aus dem Seitenfenster einer Kanzel sich an diesen Bericht erinnert und dann mehr Sorgfalt walten lässt als ich damals. Ich sah nur noch die Sau im Zielglas und handelte vorschnell und unüberlegt.

Ein todsicherer Tipp

Der Traum aller Saujäger ist es, ein Mittel zu finden, mit dem Sie Keiler anlocken können. Angeboten werden ja die verschiedensten Pülverchen und Wässerchen, aber die Wirkung derselben hält in den seltensten Fällen die blumigen Versprechungen. Ich habe im Laufe der Zeit viele Postsendungen mit solcher Wundermedizin erhalten, per Nachnahme, per Vorauszahlung und auf Rechnung. All diese Investitionen haben mir keinen Keiler gebracht.

Erst ein alter Bauernjäger gab mir ein Rezept, das mich sofort überzeugte. Urin von rauschigen Hausschweinen würde Keiler aus jeder Entfernung anziehen! Das klang logisch.

Schon am nächsten Morgen stand ich mit einem Plastikeimer im Stall des örtlichen Schweinezüchters. Noch ruhten die riesigen Muttersauen in ihren engen Gestängen. Es war sechs Uhr morgens, der Stallbetrieb setzte scheppernd und schleppend ein. Langsam und zufrieden grunzend erhoben sich die ersten Schweine. Der Ringelschwanz ringelte sich nach oben und die Entleerung der vollen Blasen kam in Schwung beziehungsweise in Fluss.

Ich sauste mit meinem Eimer von einer Lieferantin zur nächsten. Was tut man nicht alles für eine erfolgreiche Keilerjagd! In kürzester Zeit war mein Gefäß dreiviertel voll, es roch – na ja – vielleicht nach Keiler-Gusto betörend.

Vorsichtig trug ich meinen flüssigen Schatz zum Auto und verwahrte ihn im Kofferraum. Er sollte ja brühwarm sofort ins Revier gebracht werden, denn der Morgenwind schon sollte den Duft des Natursudes in alle nahen und fernen Keilerkessel bringen. In der darauf folgenden Nacht wollte ich mich dann mit den Interessenten näher befassen.

Es versteht sich von selbst, dass man mit so einem Eimer im Kofferraum sehr vorsichtig fahren muss, der Inhalt schwappt sonst über. Kurz vor dem Wald schoss plötzlich der Wagen des zuständigen Försters vor mir über den Weg. Ich sah mich zu einer Notbremsung veranlasst. Im Kofferraum bollerte es und ich ahnte sofort Schlimmes. Freundlich grüßend – eine Brenneke durch die Rippen wäre besser gewesen – ließ ich den Forstmann passieren. Als er außer Sicht war, inspizierte ich den Kofferraum. Der Eimer war natürlich umgekippt, der Inhalt schwappte im Innern des Autos herum, mein Schlafsack sog sich voll mit Schweineurin! Ich war begeistert.

Ersparen Sie mir die ausführliche Schilderung der nächsten Tage. In Kürze nur so viel: Alles roch nach Schwein, mein Auto, meine Kleider und ich. Unglaublich ist es, wie sich ein solcher Geruch hält. Er geht gar nicht mehr fort, er bleibt einfach im Auto haften.

Um wenigstens etwas von meinem Unglück zu profitieren, legte ich vor dem nächsten nächtlichen Ansitz meinen stinkenden Schlafsack einfach vor die Kanzel in die Wiese. Kein Keiler kam. Es wäre auch eine zu schöne Schadenskompensation gewesen.

Ich war so frustriert, dass ich diesen todsicheren Tipp bis heute nicht noch mal ausprobiert habe. Aber versuchen Sie es doch einmal! Transportieren Sie aber das Schweineparfüm nicht in einem offenen Eimer, oder wenn doch, fahren Sie ganz vorsichtig und vor allen Dingen:

„Lassen Sie keinem Förster die Vorfahrt!"

Ein allgemein bekanntes und auch viel verwendetes Lockmittel ist der Fichten- oder Buchenharzteer. Damit kann man tatsächlich Sauen aus weiter Entfernung anlocken. Man streicht mit dieser zähen dunkelbraunen Teufelsmasse einfach Bäume oder Wurzelstöcke in der Nähe von Suhlen an. Da sich diese aber oft im Dunkeln am Rande der Suhlen befinden, streicht man den Teer besser an Bäume, die man vom Sitz aus besser sehen kann. Wer oft nachts sitzt, kennt die Wanderung des Mondlichtes an diesen Plätzen und weiß daher genau, wo die Sau eigentlich stehen müsste. Mit dem Teer kann er das Stück hinstellen, wo immer er es haben möchte. Schon bald nach dem Streichen eines Baumes oder auch eines Wurzelstockes findet man die ersten Sauborsten, die auf der Teermasse kleben.

Ich habe einmal mitten auf einer Wildackerfläche einen Pflock tief in den Acker getrieben und anschließend geteert. Schon ein paar Tage später hatten die Sauen eine regelrechte Baumscheibe um den Pflock gelaufen. Dieser ragte schon nach der ersten Benutzung schief aus der Erde und musste von mir mehrfach mit dem großen Bello wieder gerade eingeschlagen werden. Sauen wetzen und schaben sich so heftig an diesen Duftquellen, weil sie den Teer offensichtlich möglichst tief in ihre Schwarte einreiben wollen. Dort sollen dann die lästigen Hautparasiten daran kleben bleiben oder gar nicht erst an die ersten

Blutadern unter der Schwarte herankommen können. An diesem Wildacker beobachtete ich eine Sau, die sich erst gegen diesen Pfahl stemmte und die sich, als sie denselben in Schräglage gebracht hatte, einfach auf der Seite liegend weiter um diesen Pfahl drehte. Die Sau schien regelrecht in Ekstase zu sein. Auch einen Fuchs beobachtete ich einmal. Dieser umrundete einen geteerten Wurzelstock mehrfach mit hoch erhobener Lunte. Diese zuckte dabei wie elektrisiert.

Seit dieser Beobachtung achte ich stets darauf, dass mein Hund nicht in die Nähe einer solchen Teerstelle kommt, er würde sie mit Sicherheit liebend gerne in Anspruch nehmen. Stinkendem Aas oder Luder kann er ohnehin nicht widerstehen. damit parfümiert er sich mit Vorliebe ein. Oft merke ich erst auf der Heimfahrt, dass er sich im Revier wieder irgendwo „stadtfein" gemacht hat.

Sauen, die man an solch präparierten Malbäumen schießt, stinken meist fürchterlich. Aber nicht nur das, alles stinkt, was mit so einem Stück in Berührung kam. Meist riecht danach wochenlang der Kofferraum des Autos.

Im Taunus schoss ich einmal unweit der Jagdgrenze eine Überläuferbache, die offensichtlich kurz zuvor im Nachbarrevier einen frisch präparierten Malbaum benutzt hatte. Sie hatte sich dabei so gründlich eingeteert, dass ich zunächst überhaupt nicht wusste, wie ich sie anpacken sollte. Vielleicht war dem Nachbarn der Eimer umgefallen und die Sau hatte sich in der ganzen Teerlache gewälzt. Mein ganzes Auto roch nach dem Abtransport dieses Stücks noch wochenlang nach Teer. Die Sau selbst war nur abgeschwartet zu verkaufen.

So einen Teer kann man auch im offenen Feld ausbringen, man kann die braune klebrige Masse einfach auf die Stoppeln tropfen lassen. Aber man muss dabei vorsichtig sein. Erst vor ein paar Tagen ließ ich Teer auf ein paar extra umgeknickte dürre Maisstängel laufen. Ich hatte es eilig, denn ich musste anschließend zu einer Veranstaltung. Alles ging gut, ich verschloss den Kanister sorgfältig und wollte schon zum Auto zurück. Lediglich ein breites Maisblatt störte mich, da es weit aus dem präparierten Haufen herausragte. Ich schnappte mir noch schnell das Blatt und schon war es geschehen. Ich hatte voll in die Teermasse, die sich unter dem Blatt gesammelt hatte, gegriffen.

Zurück im Jagdhaus nahm ich mir gleich meine Dufthand gründlich vor, aber kein Bürsten und Einseifen der Finger half, ich roch, nein, ich stank gewaltig nach Teer. Die Trauerränder unter den Fingernägeln ließen sich mehrere Tage nicht entfernen. Bei der Veranstaltung hielt ich meine rechte Hand dauernd in der Hosentasche eingewickelt in ein Taschentuch. Aber auch das half nichts, mehrere Sitznachbarn wurden nervöser und nervöser, kein Wunder, so einen Duft kannten sie alle nicht.

Also passen Sie auf, wenn Sie mit diesem Lockmittel hantieren, nehmen Sie Handschuhe und vermeiden Sie jeglichen direkten Kontakt.

Für viele Jäger stellt sich in allererster Linie die Frage: Wie locke ich Sauen am wirkungsvollsten an? Die Beantwortung dieser Frage gleicht einem zweiseitigen Schwert. Jagdgäste sind natürlich nur am bestwirksamen Anlocken interessiert, sie kümmern ja nicht die Folgen, sie wollen nur zu Schuss kommen. Als Jagdpächter hat man schon eine andere Sicht auf diese Dinge. Angelockte Sauen bringen unweigerlich Schaden mit sich. Wenn sie schon das Lockmittel nicht fressen können, weil es nur duftet, dann wollen sie vor Ort doch wenigstens ihren Hunger stillen. Dabei gehen Sauen großzügig vor. Auf ein paar hundert Quadratmeter mehr oder weniger Schadensfläche kommt es ihnen überhaupt nicht an.

Lockt man in Feldnähe an, zieht man nur zu schnell die Schwarzen auch gleich hinaus ins Feld und dort hat ja fast alles seinen Preis.

Inzwischen gibt es eine ganze Lockmittelindustrie und auch eine entsprechende Jagdliteratur. Man könnte sich mit den verschiedensten, immer garantiert sicheren Mitteln eine ganze Apotheke einrichten. Ich bin den mannigfachen Verlockungen bunter Prospekte natürlich auch erlegen. Heute benutze ich nur noch den besagten Fichten- oder Buchenholzteer, mehr aber nicht.

Ein alter Jäger hat mir einmal ein Hausmittel verraten. Man sollte frisch gekochte, noch dampfende Kartoffeln abends vor dem Hochsitz ausbringen, damit würde man die Sauen unverzüglich vor die Kanzel bringen. Es versteht sich von selbst, dass ich damals sofort einen großen Dämpfer mit den besten Kartoffeln, die ich in unserer Speisekammer gelagert vorfand, ansetzte. Das Gegarte nahm ich gleich mit zum Ansitz, bei der Fahrt roch es in meinem Auto wie in einer Großküche. Sauen sind damals nicht zur Speisung angetreten, obwohl sich im Dunstkreis dieser Dämpfe mit Sicherheit Sauen in dieser Nacht aufhielten. Die nächsten Tage machten sich vor allem Krähen und Häher über dieses gegarte Angebot her, von Sauen wurde es ganz einfach verschmäht. Denkt man ein bisschen nach, so ist das doch nur logisch, woher sollen diese wilden Tiere auch frisch gekochte Kartoffeln kennen?

Locken kann man Schwarzwild allerdings mit überlegt bestellten Wildäckern. Warum überlegt? Wenn man zum Beispiel Sommerweizen drei bis vier Wochen später aussät, tritt die Reife zu einem Zeitpunkt ein, zu dem die Feldmark bereits abgeerntet ist. Gerade dann, wenn der Mais noch nicht in der Milch ist, gibt es eine Nahrungslücke im Feld, die man so ausgleichen kann. Die Sauen nehmen einen derartigen Acker mit Sicherheit sofort an.

Auch Mais lasse ich auf meinen Äckern so früh wie möglich ausbringen. Kommt dieser dann vierzehn Tage vor dem ganzen Restmais in die Milch, sammeln sich dort prompt früher die Sauen. Sie bekommen dann von mir und meiner Mannschaft gleich ordentlich Dampf und das hält sie wenigstens für ein oder zwei Wochen davon ab, sich völlig enthemmt in die anderen Maisschläge der Bauern zu stürzen. Solche Ablenkungsäcker sollten nach Möglichkeit immer unmittelbar am Waldrand liegen, sie sind ja die Pufferzonen zu den ersatzpflichtigen Flächen weiter draußen.

Meinen Mais lasse ich stehen, er wird nicht gedroschen. Zwar geht das Schwarzwild nach der Milchreife längere Zeit überhaupt nicht in diese Felder, weil es die frische Eichen- und Buchenmast im Walde vorzieht, aber später im Jahr stehen dann doch erst vereinzelt und danach regelmäßig die Fährten mit den abgespreizten Geäfter im hell gewordenen Mais.

Wir pflücken dann wöchentlich ein paar Eimer Kolben und bestücken damit die Fasanenschütten. Dort finden sich auch sehr schnell Ringeltauben und Häher ein, man hat Jagdfreude pur in diesen Remisen. Im Januar ist es sinnvoll, den Mais zumindest teilweise unterpflügen zu lassen. Einmal sieht man dann die nächtlichen Besucher besser, zum anderen lieben Sauen untergepflügte Kolben über alles. Der Maiskolben, der an der Oberfläche liegt, wird steinhart, ein Kolben in der Erde moussiert und bleibt weich. Das ist doch auch der Grund, warum Sauen in der Weizensaat, die auf einen Maisacker folgt, so verheerende Schäden anrichten. Sie riechen jeden einzelnen untergepflügten Kolben, mag er auch noch so tief unter der Oberfläche liegen, und sie holen diese Frucht hundertprozentig heraus. Krater an Krater reiht sich dann auf den Weizenschlägen aneinander und die Wildschadensschätzer haben schon im Winter und Frühjahr Hochkonjunktur. Für Jagdgäste sind Sauen eine reine Freude, Pächter verfluchen sie schon einmal, wenn sie es wieder zu toll getrieben haben. So sind sie halt die Sauen.

Anlocken kann man Sauen auch akustisch. Meiner Erfahrung nach gelingt das allerdings eher selten. Meinem Freund Dieter kam beim hochsommerlichen Blatten auf den brunftigen Bock einmal ein Überläufer. Der hatte in einer nahen Schwarzdornhecke gesessen und erhoffte sich wohl eine schmackhafte Zwischenmahlzeit. Bevor sich mein Freund vom ersten Schrecken erholt hatte – die Sau kam ihm auf etwa fünf Gänge – hatte der Kujel aber schon seinen Irrtum erkannt und verschwand wieder im hohen Halmenmeer. Sauen reagieren in der Regel viel schneller als Jäger, es geht schließlich um ihr Leben und das wissen sie schon in brenzligen Situationen zu schützen.

Auch auf die Hasenquäke stehen Sauen manchmal zu, im Winter, wenn sie Kohldampf schieben.

Ich habe sehr oft und in vielen Saurevieren nachts auf Füchse gequäkt, mir ist noch keine Sau zugestanden. Einmal versuchte ich mittels dieser Klagetöne eine weit draußen in der Wiese stehende einzelne Sau zum Anwechseln zu verleiten. Bei meinem ersten Quäken unterbrach das Stück sofort seine Wühlarbeit und sicherte zu mir her, deutlich sah ich beide Teller auf Empfang in meine Richtung gestellt. Da sich die Sau aber nicht von der Stelle rührte, ließ ich den Hasen nochmals sterben, mit dem Erfolg, dass sich die Sau pürzelschwenkend in den Staatsforst hinein empfahl. Also so todsicher, wie manche Waidgenossen behaupten, klappt so ein akustisches Anlocken nicht.

Man könnte nun entgegenhalten, ich hätte eben unsachgemäß gequäkt. Das glaube ich aber nicht, denn Füchse standen mir auf die Quäke schon oft zu und ihr Gehörsinn übertrifft zweifellos noch den der Sauen.

Manchmal fürchte ich die 13

Wir Jäger sind abergläubisch, darüber besteht nicht der geringste Zweifel. Wem schlägt's nicht aufs Gemüt, wenn ihm bei der Anfahrt in das Revier eine schwarze Katze über den Weg läuft oder wenn er Schafe zur Rechten passieren muss?

Früher ließen die Jäger Jungfrauen über den Büchsenlauf springen, wenn sie zur großen Jagd aufbrachen. Das ist vorbei, wo sollte man heute auch noch Jungfrauen in den Dörfern dafür auftreiben? Ich stecke mir immer drei Kugeln ein, wenn ich auf den Ansitz gehe, meist hat die Munition ausgereicht. Erfolge führe ich dann unerschütterlich auf diese Dreierzahl zurück. Viele Leser werden jetzt vielleicht lächeln, mir gibt aber diese Gepflogenheit ganz einfach eine gewisse Sicherheit bei der Jagd, die guttut.

Vor Jahren, als ich noch viel in den Spessart zur Jagd fuhr, stieg meine vorfreudige Erwartung gleich bedeutend an, wenn ich in einem bestimmten Spessartdorf die dort lebenden und weit bekannten, etwas verkrüppelten und vielleicht auch etwas blöden eineiigen Zwillinge sah. Sah ich keinen der Zwillinge auf der Dorfstraße entlangwatscheln, fuhr ich einfach weiter, sah ich aber nur einen von ihnen, steuerte ich den Zielort mit einem schlechten Gefühl im Magen an, wie alle Gäste dieses Reviers, deren jagdliches Wohl und Wehe ebenfalls von diesen Zwillingen abzuhängen schien.

Ganz eindeutig mulmig war und ist mir immer schon, wenn die Erlegung des 13. Stück Schwarzwildes im Jahr bevorstand. Der Frage, ob ich zu Recht oder zu Unrecht beklommen an die Erlegung dieses Stückes herangehe, bin ich jetzt im Urlaub einmal gründlich nachgegangen. Ich habe mir dazu meine Schussbücher vorgenommen, um sie daraufhin auszuwerten.

1972 schoss ich die 13. Sau des Jahres in Lábod in Ungarn.

Die Erlegung meiner 13. Sau stand wieder einmal an, ich saß in einem Akazienwäldchen auf einem Fernwechsel, Dr. Studinka, der wie bereits vorher beschrieben die Jagd leitete, hatte mich in einem Akazienwäldchen auf einen Fernwechsel gesetzt. Auf solche Wechsel setzte er mit Vorliebe Gäste, die er besonders gut leiden konnte, weil sie sehr passioniert waren. Mit der Auswahl eines solchen Standes demonstrierte dieser große Jäger nebenbei bemerkt auf diese Art und Weise sein überragendes jagdliches Können.

Ich erinnere mich noch genau, wie er zu mir sagte: „Setz dich da hin, es wird sich lange nichts tun, und wenn du einschläfst, kannst du schreiben: Sauen kamen wie angesagt, aber ich habe sie verschlafen!“ Die Jagd fiel damals in meine Referendarzeit und ich war noch nicht trinkfest, was ein großer Nachteil ist, wenn an den Abenden nach der Jagd reichlich Wein fließt.

Auf diesem Stand schoss ich dann den Frischling, von dem ich im Kapitel vorher berichtet habe. Nach dem Treiben konnte ich dem Jagdleiter mit gutem Gewissen entgegentreten, ich war nicht eingeschlafen und hatte meinen Stand erfolgreich verteidigt.

In diesem Jahr also gab es kein Problem mit der 13. Sau, im Gegenteil, sie fiel durch einen ausgesprochenen Sonntagsschuss.

1973 war ein starker Keiler mein 13. Schwarzkittel. Er fiel ebenfalls fern der Heimat, in Persien. Mir kommen die Tränen, wenn ich nur daran denke, welche fantastischen Jagdgründe wir dort verloren haben.

Es war am 26. Januar 1973, die 13. Sau stand wieder an. Wir pirschten am hellen Tage. Sauen gab es massenweise, man musste nur gute Keiler finden. Aber auch die gab es reichlich. Bachen, Überläufer und Frischlinge wurden gar nicht erst beschossen. Es war Schnee gefallen, und im offenen, almartigen Gelände sah man die Sauen schon von Weitem im Gebräch stehen.

Einen Klotz von Keiler fehlte ich zunächst bei dieser Pirsch auf etwa 80 Meter. Ich war völlig perplex und wollte an einen Fehlschuss erst überhaupt nicht glauben. Das Fährtenbild im Neuschnee belehrte mich jedoch eines Besseren, ich fand keine Schweißzeichen am Anschuss und kein Tröpfelchen Schweiß in der Fluchtfährte, der ich fassungslos folgte, bis der Keiler längst wieder in Troll verfallen war. Als ich auf meinen Führer wartete – damals war ich in solchen Fällen wie ein Terrier, nicht zu halten auf frischer Fährte –, dämmerte mir die Ursache meines Fehlschusses allmählich, der Keiler wäre meine 13. Sau des Jahres gewesen! Sie fiel aber dann eine Stunde später und vor uns lag ein reifer, alter Keiler mit ausgezeichneten Waffen. Ich war's zufrieden, aber die 13 hatte mitgemischt, unübersehbar und warnend.

Wir jagten damals übrigens im Osten Persiens, fast an der Grenze zu Afghanistan, im sogenannten Reza Schah Park. Wir wohnten in einem unvorstellbar luxuriösen Jagdhaus, das vom Bruder des Schahs von Persien errichtet worden war. Im Gästebuch, einem einfachen Ringheft, fanden sich zu meinem nicht geringen Erstaunen auch zwei Danksagungen von Franz-Josef Strauß und Eugen Gerstenmaier.

Nicht lange nach unserer Jagd ging dann in Persien alles drunter und drüber, wer weiß, wo dieses Gästebuch gelandet ist. Ich ärgere mich heute noch, dass ich diese beiden Seiten nicht einfach herausgenommen habe, so wären sie wenigstens der Nachwelt erhalten geblieben.

Im Jahre 1974 schoss ich eine typische 13. Sau, dabei zeigte sich diese Zahl von einer etwas fraglich positiven Seite, aber normal ging es auch damals bei Gott nicht zu. Es war am 26. November, Schnee lag im Taunus, und ich strebte noch bei vollem Büchsenlicht mit einem Sack Kuchenreste auf dem Rücken zu meinem Ansitzplatz. Dort schoss ich dann die besagte Kuchensau, von der ich weiter vorne berichtet habe.

Im Jahre 1974/75 brachte ich es nur auf sechs Sauen, die Schweinepest war durch die Reviere gezogen, das Schwarzwild fährtete sich nur selten.

Aber im Jahr darauf spuckte mir die 13 wieder ganz kräftig in das Schussbuch. Es war am 12. August und die Sauen standen Nacht für Nacht in meinem Revier bei Darmstadt im milchigen Mais. Ich saß am hell erleuchteten Rangierbahnhof, weil der dortige Maisschlag am schlimmsten aussah. Die Rotten, jawohl, ich spreche im Plural, die Rotten wechselten aus den Totenbergen und prassten unmittelbar am Bahndamm im Mais. Lautsprecheransagen, Schreie der Rangierer oder gar aufeinander knallende Güterwaggons störten sie nicht im Geringsten. Manche Fremdarbeiter, die dort eingesetzt wurden, benutzten das Mikrofon zu später Stunde auch oft zu einer Gesangseinlage. Man wähnte sich manchmal auf dem Rummelplatz und viele meiner Jagdfreunde, die zum ersten Mal in diesem Revierteil ansaßen, glaubten, ich würde sie „verarschen“, wenn ich ihnen den Ansitzplatz anwies.

Am besagten 12. August also hatte ich mich unmittelbar an den Bahndamm begeben, der Wind stand mir aus dem Mais entgegen und ich lag flach auf dem Boden. Auf die Sauen war ich damals ziemlich sauer, weil sie sich seit Wochen auf meine Kosten im Mais vollfraßen. Ich war fest entschlossen sofort zum Angriff überzugehen, wenn es im Mais zu knallen begann. Auf die Gleisfläche über mir achtete ich schon lange nicht mehr, hier hielt ich es mit den Sauen: Geräusche, die von dort kamen, ignorierte ich ganz einfach. Daher maß ich auch in dieser Nacht einem Steineln unmittelbar über mir keine weitere Bedeutung bei, wahrscheinlich tappte ein Rangierer vorbei, was ja oft vorkam. Diese Leute, die oben im hellen Licht arbeiteten, sahen mich nicht und ich hätte sie nur erschreckt, wenn ich mich bemerkbar gemacht hätte.

Die Situation änderte sich jedoch schlagartig, als plötzlich neben mir ein Überläufer stand. Er war den Bahndamm heruntergerutscht und hatte dabei das Steineln verursacht. Zuvor hatte dieses Stück Schwarzwild an die 50 Gleise queren müssen, es musste unter stehenden Waggons durch und an rangierenden Zügen vorbei, kurzum, es querte eine voll im Betrieb befindliche Rangierfläche und vollbrachte dabei eine Leistung, die ich selbst kaum gewagt hätte. Danach rutschte die Sau auch noch, offensichtlich schon völlig abgestumpft, voll in meinem Wind den Bahndamm herunter und stand nun keine fünf Schritte neben mir und sicherte in den Mais hinein.

„Du willst es ja gar nicht anders haben", dachte ich mir, nahm meine Bockbüchsflinte hoch und schoss den Überläufer um.

Weil es meine 13. Sau im Jagdjahr 1975/76 war, wunderte ich mich gar nicht weiter, versorgte das Stück und setzte mich an einem anderen gefährdeten Maisschlag an, bis der Morgen graute. Dort gelang mir noch der Abschuss von zwei weiteren Sauen, was nicht mehr schwer war, nachdem die 13. des Jahres gefallen war.

Das Jagdjahr 1975/76 war übrigens ein gesegnetes Saujahr, ich brachte es damals auf über 50 Sauen und erinnere mich noch ganz genau an einen Nachtansitz an einem Maisacker, der weit draußen im Feld als letzter noch stand. Aus ihm kamen im Laufe der Nacht über 60 Sauen! Mitten aus diesem Massenanlauf heraus streckte ich dann auch meine 26. Sau dieses Jahres, es war ein Überläuferkeiler. Gleichzeitig war es aber auch die zweite 13. Sau in diesem Jahr. Danach gingen mir die Patronen aus und ich lief zum Auto und suchte verzweifelt, aber vergeblich nach weiterer Munition.

Dem Hoch folgt oft ein Tief, im Leben und auf der Jagd. Erst am 28. Dezember 1980 stand wieder die Erlegung einer 13. Sau an. Wieder schlug dabei die 13 kräftig zu. Mit Freunden war ich zu einer Gatterjagd nach Österreich gefahren. Schon unterwegs hatte unsere Truppe auf der Autobahn vor Passau einen Totalschaden an einem Fahrzeug zu verzeichnen und auch im Gatter lief jedenfalls bei mir nicht alles nach Wunsch. Zunächst musste der überstandene Schrecken auf der Autobahn und das Überleben überhaupt nach der glücklichen Ankunft noch kräftig begossen werden, was mir natürlich am darauf folgenden Jagdtag überhaupt nicht bekam. Verkatert und auch noch mit einem geschwätzigen Jagdbegleiter ausgestattet, fror ich auf dem mir zugeteilten Hochsitz vor mich hin. Bis ich endlich meine 13. Sau, einen Frischling, schoss, fehlte ich einen guten Keiler und zwei Überläufer. Wenigstens sah ich damals in meinem umnebelten Kopf nicht gleich, wie klein das Gatter war, sonst hätte ich wahrscheinlich überhaupt nicht geschossen.

Am 15. Januar 1982 schoss ich gegen 23 Uhr im eigenen Revier wieder eine 13. Sau. Ein strammer Überläufer war es. Das Schussbuch sagt aber auch hier Bedeutsames zur Nummer 13 aus:

„Nach zwei vorausgegangenen Fehlschüssen." Was war geschehen? Aus irgendeinem Grund fanden im Forst Manöver oder dergleichen statt, jedenfalls war der ganze Wald unruhig. Ich sah an diesem Abend viel fremdes Wild, darunter auch mehrere Rotten Sauen, die ich nicht kannte. Die Bachen, die anführten, irrten sichtlich verwirrt umher, sie waren aus ihren gewohnten Wintereinständen vergrämt worden. Es herrschte ein Kommen und Gehen, die Rehe schreckten die ganze Nacht und die Käuze kamen überhaupt nicht mehr zur Ruhe, sie fauchten und kullerten, man merkte ihnen die Begeisterung über das allgemeine Durcheinander deutlich an. Als Nachtjäger fühlt man sehr schnell die Ausnahmesituation. Mein Adrenalinspiegel war schon am Steigen, da die 13. Sau des Jahres anstand und jetzt auch noch dieser Tollhausbetrieb im Revier!

Erst fehlte ich einen Frischling, der mit fünf Geschwistern hinter seiner Mutter über den Wiesengrund trollte, dann schoss ich einen Überläufer fast senkrecht nach unten vorbei. Wenn er auch noch ein paar Sekunden verhofft hätte, hätte ich ihm die Büchse auf seinen feisten Kamm geworfen, so entnervt kämpfte ich schon gegen 22 Uhr in meinem Funkturm. Da ich aber längst gemerkt hatte, dass in dieser Nacht der Markt noch lange nicht verlaufen war, blieb ich sitzen und schwor mir, nur noch eine ganz hundertprozentige Chance wahrzunehmen, damit ich die 13. Sau endlich unter Dach und Fach bekam.

Nachts auf trollende oder ziehende Sauen zu schießen ist gefährlich, man verkennt zu leicht die Trägheit des Auges. Ich erinnere mich mit Grauen an zwei Nachsuchen aus früheren Jahren. In beiden Fällen beschoss ich Sauen, die über Stoppelfelder trollten. Ich brachte jeweils nur äußerst hässliche Keulenschüsse zustande, obwohl ich geschworen hätte, gut vorne am Blatt abgekommen zu sein. Mitunter muss man halt auch bei schlechtem Licht jagen und schießen, darüber wundern sich oft nur Leute, die noch nie in ihrem Leben Wildschaden bezahlt haben. Echt verwerflich wird jagdliches Tun aber dann, wenn man sich in solchen Fällen auch noch auf Risikoschüsse einlässt.

Damals, am 15. Januar 1982, konnte ich abwarten, Sauen kamen und gingen ja überall um mich herum. Erst als ein Überläufer aus einer Rotte etwas zurückblieb, weil er sich für einen Maulwurfhügel interessierte, nahm ich genau hochblatt Maß mit der Folge, dass das Keilerchen den Knall nicht mehr vernommen hat.

Am 27. September 1983 war es dann wieder einmal so weit, ich brachte eine Bache zur Strecke, worüber ich wahrlich nicht besonders erfreut sein konnte. Meine einzige Genugtuung bestand darin, die verflixte 13 schon frühzeitig im Jahr überwunden zu haben. Wie kommen eigentlich solche Fehlabschüsse immer mal wieder zustande, auch bei Leuten, die das ganze Jahr über mit Sauen zu tun haben?

Damals waren es „Schneisensauen“, eine Spezies, die für Fehlabschüsse geradezu prädestiniert ist. Eine Rotte wechselt über eine schmale Schneise, man hört ihr Anwechseln und lässt die „Kommandeuse“ selbstverständlich durch, dann beginnt man auf den folgenden Fröschen herumzustochern, wird nicht fertig und deshalb nervös. So nach dem Motto: „Wenn du jetzt nicht auf die nächste abkommst, ist die Schneise leer“, fällt dann doch der Schuss – und prompt liegt die falsche Sau …

Am 24. November 1984 hatte ich gegen 23 Uhr schon einen Fuchs am Luderplatz geschossen, mein Sinn stand eigentlich nach einem zweiten Rotrock, da ich die Winterjagd auf Füchse erst vor Kurzem aufgenommen hatte und da der Luderplatz noch entsprechend gut besucht wurde. Doch siehe da, ein Keilerchen konnte den köstlichen Düften, die waldwärts wehten, nicht widerstehen und zog stichgerade übers blanke Feld luderwärts. Ich wusste, dass ich jetzt viel Zeit hatte: Sauen stehen am Luder, wenn sie fleischliche Leckerbissen vorfinden, wannenbreit und ruhig. Sie schätzen solche Kostunterbrechung während ihrer Eichelmastkur ganz besonders und wittern Luderplätze auf ganz unglaubliche Entfernung.

Diesen Überläufer störte nicht einmal der frisch gestreckte Fuchs, der nur etwa zehn Gänge neben dem Luder lag. Wahrscheinlich hätte er ihn sich auch noch einverleibt, wenn ich ihm Zeit dazu gelassen hätte. Der Überläufer lag jedoch im Feuer und ich kam im Jahre 1984 wirklich einmal völlig problemlos zu meiner 13. Sau.

Die 13. des Jagdjahres 1986/87 fiel erst im März und da im fernen Pakistan. Relativ spät, nämlich für die Zeit vom 22. Februar bis 1. März hatten wir dort eine Saujagd gebucht. Wir erlebten herrliche Jagdtage, Schwarzwild gab es reichlich. Am Schluss lagen allein zwölf gute Keiler! Einer davon war meine 13. Sau. Ich saß in einem tiefen Graben mitten in einem schmalen Dschungelstreifen. Links, etwa 100 Meter entfernt, knatterten dauernd Mopeds auf einer staubigen Dammstraße entlang. Sie lenkten mich ab, sodass ich einen Schakal erst bemerkte, als er schon vor meinem Sitzstock stand. Natürlich reagierte er viel schneller als ich, er warf sich blitzschnell herum und war schon verschwunden, da hatte ich die Büchse noch nicht einmal angebackt.

Immerhin wusste ich jetzt, dass ich mitten auf einem Wechsel saß. Vorsicht war also geboten und die Mopeds konnten mir fortan gestohlen bleiben.

Dann jiffte auf einmal ein Terrier in meine Richtung, sein tröpfelnder Jagdlaut kam näher und näher, kein Zweifel, er jagte an Wild. Über Kimme und Korn meiner Doppelbüchse beobachtete ich das Minischussfeld vor mir. Wer kennt nicht die Augenblicke höchster Spannung, der Hundelaut kommt immer näher und das vom Hund gejagte Wild muss jeden Augenblick auftauchen.

Damals, im verwachsenen Dschungelgraben, sah ich alles auf einmal vor mir:

Sau, Keilerhaupt, Waffen, tückische, kleine braune Lichter, abgespreizte Teller und schwarze trollende Läufe. Fast traumwandlerisch löste sich der Schuss und das 9,3 x 74er-Geschoss stoppte den Keiler fünf bis sechs Meter vor meinem Sitzstock. Noch im Schuss war der Terrier am schlegelnden Stück, packte zu und ließ sich, mit selig halb geschlossenen Augen, noch eine Zeit lang hin und her schleudern. Auch diesem Keilerabschuss, der mir viel Freude gemacht hat, ging ein Fehlschuss auf einen noch stärkeren Keiler voraus. Freilich hält man gefehlte Stücke immer für besonders stark, aber dieser Watz, den ich da-

Ein Keiler aus Pakistan.

mals beidrohrig fehlte, war nicht von schlechten Eltern. Die Sau kam hochflüchtig in einem Stangenholz, weil sie mein Freund Dieter vorher schon mit einem Fehlschuss flott gemacht hatte. Ich brachte dann das Kunststück fertig, sie mit zwei sorgfältig gezielten Schüssen zu fehlen. Ich sehe heute noch das weiß blitzende Gewaff vor mir und auch das böse funkelnde linke Licht des Keilers, der im vollsten Lauf so zu mir herschielte, dass ich das Weiß in seinem Licht sah. 13 hin, 13 her, so glatt gestaltete sich die Überwindung dieser Zahl nicht einmal in Pakistan und das gab mir doch sehr zu denken.

Für diese Jagd hatte übrigens ein deutscher Berufsjäger, der meinem Jagdfreund Rudi Humme half, seine Terriermeute mitgebracht. Rudi wollte damals mit dem Sicht- und Fährtenlauf dieser Kobolde Musik in die einzelnen Treiben bringen, da die pakistanischen Hunde zum Großteil nicht laut jagten. Leider ging die Sache mit den Terriern völlig schief, schon nach wenigen Wochen fiel die Meute vollkommen aus. Der Hauptgrund lag darin, dass die Terrier die dort anzutreffenden Stachelschweine nicht kannten. Trafen sie im Freien auf die Stachelschweine, stürzten sie sich kampfentschlossen sofort auf deren Stachelwehr. Das Wild wehrte sich, indem es ganze Stachelsalven abschoss und die Terrier auf übelste Art und Weise verletzte. Oft haben wir damals Stacheln, die noch etwas aus der Hundedecke ragten, herausgezogen. Sie steckten fünf bis zehn Zentimeter tief in den Körpern, in der Lunge, in der Leber, ja sogar in den Augen der Hunde.

Fast noch folgenschwerer war aber, dass die Hunde in jeden Stachelschweinbau einschlieften und dort unter der Erde mit den Bewohnern kämpften und sich auch reichlich Stacheln einheimsten. Dabei kamen sich die tapferen Kerlchen auch gegenseitig immer noch zu Hilfe mit der Folge, dass sich aus so einem Bau dann nach und nach zwei, drei in Zukunft völlig kampfunfähige Hunde mit letzter Kraft herausschleppten.

Nicht gewohnt waren diese deutschen Terrier auch die dornigen Verhaue und Dschungel dieser Region mit der Folge, dass sie nach wenigen Tagen kaum mehr laufen konnten, da in ihren Ballen Stacheln steckten und dergleichen mehr.

Den einheimischen Hunden passierte so etwas natürlich nicht, sie mieden wohlweislich die Stachelschweine und warum sie nicht unter Stacheln litten, konnte ich mir nicht erklären, wahrscheinlich aber kannten sie die gefährlichen Buschpartien und mieden sie ebenfalls.

Als Fazit konnten wir damals erkennen, dass es keinen Sinn macht, Hunde, die in Deutschland gut jagen, einfach in andere Länder mitzunehmen in der Hoffnung, dass sie dort ebenfalls so erfolgreich sind.

Am 31. Januar 1987 schoss ich in einem Revier bei Winkel am Rhein wieder eine 13. Sau. Dieses Erlebnis versöhnte mich aus mehreren Gründen vorläufig wieder mit der 13.

Der Jagdherr ließ im kleinsten Kreise noch einmal auf Frischlinge drücken. Es lag eine leichte Schneedecke, schöner und idealer hätte ein Drückjagdtag überhaupt nicht sein können. Wir hatten nur drei Treiber, einen Terrier und meinen Dackel. Letzterer bewährte sich im entscheidenden Treiben hervorragend. Es wurde ein lang gezogener steiler Hang genommen. Rotwild-, Schwarzwild- und auch Muffelwildfährten standen überall im Schnee. Selbst am Ende der Jagdzeit gab es hier noch reichlich Wild.

Ich stand am oberen Rand des Steilhanges und hörte bald schon tief unten meinen Mirco Standlaut geben. Anhaltend und unentwegt rief der Hund Hilfe herbei. Geht denn keiner zu dem stellenden Hund, dachte ich ein ums andere Mal. Einmal schien auch der Terrier zum Ball gestoßen zu sein, er jiffte hitzig mit, dann hörte ich wieder nur noch den Standlaut meines Dackels. Es dauerte lange, bis der endlich in Hetzlaut überging, die Reise kam langsam auf uns zu.

Was war geschehen? Mirco, mein damaliger Rauhaardackel, hatte unbeirrt mitten im Hang vor einer wahren Brombeerburg Standlaut gegeben. Der Jagdherr, der am nächsten stand, verstand zwar den Hund genau, hatte aber größte Schwierigkeiten, sich an den Ort des Geschehens durchzukämpfen. Er vermutete dort einen Frischling, der im ersten Treiben krankgeschossen worden war. Vor Ort traf Paul auf einen Dackel, der laut bellend immer und immer wieder eine dichte Brombeerburg umkreiste. Der Jäger konnte beim besten Willen nichts sehen und glaubte schon, der Dackel „spinne“.

Wer einmal bei einer Nachsuche erlebt hat, wie unsichtbar sich Sauen in selbst kleine dichte Hecken oder in Ginster einschieben können, wird das nachvollziehen können.

Die Quittung für diese gedachte Beleidigung kam aber prompt und heftig. Plötzlich explodierten aus dem Brombeerbunker etliche Sauen heraus, ein Überläufer fegte dabei Paul so blitzartig durch die Beine, dass er überhaupt nicht dazu kam, die Büchse zum Schuss zu senken. Der Jagdherr dankte nachher noch seinem Schicksal, dass er rein zufällig mit gespreizten Beinen vor der Hecke stand, andernfalls wäre er einfach überrannt worden, denn irgendwelche Zeit zum Ausweichen verblieb ihm überhaupt nicht. Man muss es wirklich einmal aus nächster Nähe erlebt haben, wie ein voller Saukessel auf das dumpfe Kommando der Leitbache hin explodiert, dann weiß man um den Schock, der Schütze oder Treiber überkommt, wenn es so weit ist. Diesen Schock wissen die Sauen auch genau zu nutzen, in Sekundenschnelle sind sie dann weg, auf und davon.

Minuten nach diesem Ereignis sah mein linker Nachbar plötzlich Sauen unter sich im Hang, konnte aber nicht schießen. Die Rotte stand in einer Christbaumkultur und sicherte. Es wurde Zeit, dass wir Schützen an den Rändern des Treibens weiter vorzogen. Ich kam dabei am Rande der besagten Kultur zu stehen. Die Wintersonne schien prächtig, und immer noch sah der Schütze, der es für besser befunden hatte stehen zu bleiben, die Sauen im Hang. Er gestikulierte unten und deutete immer auf eine bestimmte Stelle. Die Spannung wuchs und wuchs, zumal sich die drei Treiber am entferntesten Rand der Kultur formierten, auch sie waren vorgewarnt.

Mein Dackel war mit einer Sau, dem kranken Frischling, längst über den Kamm verschwunden. Ein Schütze konnte dabei nur deshalb nicht den erlösenden Fangschuss anbringen, weil der Hund zeitweise fest an der Keule des Kranken hing. Langsam kamen die Treiber in der etwa schulterhohen Kultur näher. Immer noch verharrte die Rotte an Ort und Stelle, die Bache wollte keinen unüberlegten Abzug, das merkte man ganz deutlich. Endlich schwoll der Treiberlärm zum längst erwarteten Stakkato an: „Achtung, Sauen nach vorne, Achtung, Achtung!“ Schon erschien unter mir die starke Bache und ihr folgten fünf oder sechs schwache, sogar noch gestreifte Frischlinge, die klein wie Hasen durch das raue Hanggelände hinter der Bache hersprangen. Ich bezielte den ersten, dritten und letzten, bevor ich überhaupt in allerletzter Sekunde eine Kugel loswurde. Diese traf allerdings blatt und ließ den Frosch hangabwärts purzeln.

Leider konnte dies nur der unten stehende Schütze richtig sehen, ich selbst wusste noch nicht einmal, ob ich ihn überhaupt getroffen hatte, da ich den sehr steilen Hang nach unten nicht einsehen konnte. Die 13. stand wie gesagt wieder einmal an und ich hatte nach dem Schuss auf den regelrecht hopsenden Frosch nicht das beste Gefühl. Umso größer war daher meine Freude, als ich den Erfolg später merkte. Auf der Suche nach dem Anschuss winkte mich bereits der Talschütze auf den abgestürzten, mausetoten Frischling ein. Ein herrlicher Jagdtag war in einem wunderschönen Revier am Rhein zu Ende gegangen. Mein Hund hatte wirklich super gearbeitet und die Dackel-Skeptiker voll überzeugt, ich hatte auch wieder einmal, und zwar am letzten Jagdtag, die 13 bezwungen.

Was hat nun die Auswertung der Schussbücher in diesen Jahren im Hinblick auf die 13 gebracht? Meines Erachtens ein Ergebnis, das es angeraten sein lässt, nach wie vor nur mit Bammel an die 13 heranzugehen. Das hat überhaupt nichts mit Aberglauben zu tun, die nüchterne Statistik hat es an den Tag gebracht. Wenn im Jagdjahr zuvor alles noch so glatt ging, wenn alle Sauen im Feuer lagen – am Anschuss der 13. lauerte meist die Tücke, die man als Jäger zwar fürchten, aber nicht meiden kann. In allen Folgejahren kamen noch dreizehnte Sauen hinzu. Stets hatte ich ein flaues Gefühl im Magen, wenn die 13. anstand und das wird auch künftig so weitergehen – es lebe der jagdliche Aberglaube.

Auf Sauen in vielen Ländern

Tunesien

Im Jahre 1968 muss es gewesen sein, da erschien in einer Jagdzeitschrift ein Bericht über Berbersauen. Besonders alte und starke Keiler sollten dort ihre Fährten ziehen. Ich stand sofort in Flammen, dort musste ich hin. Aber wie?

Finanziell hätte ich mir damals nicht einmal den Flug nach Tunesien leisten können, geschweige denn eine Jagdwoche. Angeboten wurde so eine Jagd von keinem Vermittler, Franzosen und Italiener aber jagten dort ständig.

Doch wo ein Wille, dort auch ein Weg. Um diese Zeit hatte ich schon zahlreiche Beiträge in deutschen Jagdzeitschriften verfasst, die auch erschienen waren. Die Redaktionen kannten mich und gaben mir daher auf meine Bitte hin gerne eine Mitarbeiterbestätigung. Mit diesen Briefen meldete ich mich einfach bei der Tunis Air in Frankfurt. Obwohl man dort natürlich mit Sauen nichts, aber rein gar nichts am Hut hatte, konnte ich die Herren bei einem sehr vornehmen Essen in einem französischen Spitzenrestaurant in Frankfurt davon überzeugen, dass bei entsprechender Werbung in Fachzeitschriften mit Sicherheit Jägergruppen nach Tunesien fliegen würden. Die Herren wollten natürlich Zahlen wissen, aber auch da hielt ich mich noch bedeckt. Diese könne ich ihnen erst nach einer Probejagd vor Ort näher beziffern. Der Köder war ausgelegt und die Tunesier bissen an.

Zu meiner freudigen Überraschung erhielt ich schon in den nächsten Tagen ein Flugticket nach Tunis. Im Begleitschreiben erfuhr ich, dass man ein paar Jagdtage in verschiedenen Revieren für mich geplant habe.

Ich konnte es damals kaum fassen, wie einfach man doch kostenlos ins Ausland gelangen und dort auch noch jagen konnte. Ganz traute ich der großzügigen Einladung bis zuletzt nicht, aber planmäßig fand ich mich am Abflugtag am Tunis-Air-Schalter auf dem Frankfurter Flughafen ein.

Alles klappte wie am Schnürchen und zusammen mit einer großen Gruppe heimfliegender tunesischer Gastarbeiter stand ich schon kurz darauf draußen auf dem Rollfeld vor dem tunesischen Flugzeug.

„Eigentlich bist du bis hierher ja schon weit gekommen!“, dachte ich mir mitten in der Menge damals, aber es kam noch besser. Wie alle anderen hielt ich mein Ticket in der Hand, das ja beim Einsteigen kontrolliert werden musste. Bordkarten und dergleichen gab es noch nicht. Meiner Sache immer noch nicht ganz sicher, hielt ich mich mitten im dichtesten Pulk der Drängler auf, hoffend, dass ich so einfach ins Flugzeug mit hineingeschoben wurde.

Plötzlich winkte mich eine ganz aufgeregte Stewardess wieder aus dem Haufen heraus. „Das war's dann“, dachte ich traurig. Aber immerhin hatte ich es doch wenigstens bis aufs Rollfeld hinaus geschafft, für einen selbst ernannten Jagdreporter doch auch schon eine Leistung.

Die hübsche freundliche Flugbegleiterin nahm mich sogar bei der Hand, sie wollte mich im allgemeinen Gedränge nicht mehr verlieren, und brachte mich zu einer Einstiegstreppe gleich hinter dem Cockpit des Flugzeuges. Was soll ich Ihnen sagen, ich wurde zur kleinen, ja fast winzigen Erste-Klasse-Abteilung des Flugzeuges gebracht. Mir war gar nicht aufgefallen, dass ich ein Erste-Klasse-Ticket hatte!

Allerdings nahm dann in dieser vornehmen Abteilung das Schicksal einen Lauf, der mir die ganze schöne Reise fast zunichte gemacht hätte. Da es keine weiteren Erste-Klasse-Passagiere gab, stand mir die Stewardess den ganzen Flug über exklusiv zur Verfügung. Flugerfahrung hatte ich damals noch so gut wie keine, sieht man einmal davon ab, dass ich in einem amerikanischen Postflugzeug als blinder Passagier von Frankfurt nach Berlin zur Deutschen Fußballmeisterschaft zwischen Eintracht Frankfurt und Offenbach geflogen war. Freiflüge aller Art wurden später aber fast meine Spezialität.

Da mich die Stewardess ständig nach meinen Wünschen fragte, allerdings in Französisch, das ich als Humanist natürlich nicht gelernt hatte, wollte ich sie dann doch nicht enttäuschen und begann sie zu beschäftigen. Zunächst zeigte ich ihr einen Jackenknopf, der mir im vorher geschilderten Gedränge fast abgerissen worden war. Das Mädchen holte – woher? – Nähzeug herbei und nähte den Knopf wieder an. Danach gab es zu essen, und zwar vom Allerfeinsten. Artischocken waren dabei, die ich noch nie gesehen und schon gar nicht gegessen hatte. So schluckte ich denn zum Amüsement meiner Betreuerin die einzelnen Fruchtschuppen einfach hinunter. Sie kratzten gewaltig im Hals, schmeckten auch sehr spröde, aber ich ließ mir nichts anmerken. In der ersten Klasse eines solchen Flugzeuges musste man doch den erfahrenen Weltreisenden mimen. Nach dem Essen, es gab vorzügliches Lamm, nahte das Verhängnis. „Champagne?", flötete das Mädchen ein ums andere Mal und mit einem deutlichen „Oui" willigte ich ein. Es wurde lustiger und lustiger in der ersten Klasse. Als wir zur Landung ansetzten, hatte ich einen Sektrausch vom Allerfeinsten.

Zusammen mit einem männlichen Helfer führte man mich vorsichtig die Gangway hinunter auf das Rollfeld. Dort blieb ich dann stehen. Die grelle Afrikasonne machte meinen Augen schwer zu schaffen. Es summte und brummte um mich herum und ganz allmählich löste sich der Pulk der Ankömmlinge auf. Von ganz weit entfernt glaubte ich einen Lautsprecheraufruf mehrmals zu hören, maß dem aber keinerlei Bedeutung bei. In meinem Zustand nahm ich meine Umwelt einfach gar nicht mehr wahr. „Monsieur Gooodfrieeed", oder so ähnlich rief man mehrfach, einen Bezug zu meiner Person stellte ich aber damit nicht her.

Als sich alle schon verlaufen hatten und als ich wirklich als letzter Passagier ganz alleine dastand, stürzte sich plötzlich ein dunkel gekleideter junger Mann auf mich und fragte mich geradezu beschwörend: „Monsieur Gooodfrieeed?" Jetzt auf einmal dämmerte mir, dass das ja die französische Version meines deutschen Namens sein konnte und wie schon im Flugzeug – dort leider zu häufig praktiziert – benutzte ich eines meiner ganz wenigen französischen Wörter auch hier und antwortete einigermaßen deutlich mit „Oui".

Der Mann wollte mich daraufhin sofort zum Ausgang zerren, als er aber meinen jämmerlichen Zustand bemerkte, geleitete er mich vorsichtig und stützend dorthin, und zwar zu drei dunkel und dezent gekleideten Herren, die dort schon eine ganze Weile auf mich gewartet hatten. Unter ihnen befand sich, wie ich erst später erfuhr, der Direktor des tunesischen Tourismus und der Leiter des Tunis Air Büros in Tunis. Der dritte Mann war ein Chauffeur, man wollte mir gleich eine kleine Stadtrundfahrt durch Tunis bieten. Als mich das Trio aus der Nähe sah, änderte man aber diesen schön gedachten Plan flugs, der Chauffeur wurde angewiesen, mich unverzüglich ins Hotel zu bringen. Dort schlief ich dann meinen Rausch aus und am nächsten Tag begann das Rundfahrtsprogramm. Wir fuhren zunächst in die Atlasberge hinauf nach Ain Draham. Forstbeamte führten mich durch ihre Reviere, Abendansitze – ohne Waffe natürlich – verfestigten sofort meinen Eindruck, dass es da Sauen in Massen gab. Überall in den Wäldern war gebrochen, Suhlen waren frisch angenommen und meine beiden Abendansitze erbrachten sofort Anblick.

Schon Wochen später reiste ich mit ein paar Jagdfreunden an und wir erlebten ein paar unvergessliche Jagdtage. Wenn wir morgens irgendwo in den unermesslichen Berghängen zur Jagd ankamen, erwartete uns dort schon eine große Treiberwehr mit zahlreichen Hunden. Meist waren alle männlichen Bewohner des Bergdorfes zwischen 16 und 80 Jahren zur Saujagd angetreten.

Die Treiber kamen aus ganz einfachen runddächigen Erdhütten. Im Inneren musste eine Feuerstelle sein, denn aus dem runden Kugeldach der Hütten rauchte es aus unzähligen Ritzen und Spalten. Ganz verblüfft war ich über die unglaubliche Sauberkeit dieser Bergbewohner. Ihre Turbane, mit denen sie ihre roten Fese umwickelt hatten, strahlten von so einem blendenden Weiß, wie es unsere hochgepriesenen Superwaschmittel meiner Meinung nach auch nicht besser hätten hervorbringen können.

Täglich wurden etwa vier bis sechs Treiben durchgeführt, allein die Akustik in den weiten Rundtreiben hielt uns schon ständig in Spannung. Hunde bellten und heulten, Treiber schrien, knallten mit Böllern und wenn sie näher kamen, hörte ich ihre Warnrufe: „Halluf, halluf – Sau, Sau."

Wir jagten bei warmem Sonnenschein – in späteren Jahren jagten wir auch einmal im Neuschnee, den unsere Treiber mit selbst gebastelten Sandalen aus Autoreifenstreifen begingen. Socken kannten sie überhaupt nicht.

Unvergesslich ist mir eines der ersten Treiben geblieben. Man hatte mich auf einen Bergkamm gestellt. Weit in der Ferne blaute das Mittelmeer, weiße Schiffe zogen zeitlupenartig vorbei. Immer wieder machten die Treiber und Hunde Schnepfen hoch, viele überflogen mich in bester Schrotschussentfernung. Diese Vögel hatten sich an den Hängen zum Meer offensichtlich schon zum Rückflug nach Europa gesammelt und warteten einen günstigen Reisewind ab. Hätte ich eine Flinte gehabt, hätte ich damals gut und gerne ein Dutzend dieser Langschnäbel geschossen. Aber als ob diese herrliche Stimmung nicht schon genug wäre, kam mir auch noch ein guter Keiler vor

Das Bild, das die Runde machte.

einem Hund. Eigentlich sah ich nur seine Rückenlinie, seine pechschwarzen Teller und den hochgeschwenkten Pürzel. Wildkörper, Läufe und Haupt verdeckte der dichte Strauchbewuchs. Im Schuss ging dieser Keiler geradezu zeitlupenartig über Kopf, sein langer Pürzel winkte mir Glück wünschend Waidmannsheil. An diesem Tag schossen wir – 4 Jäger – 4 ganz starke Keiler. Ich fotografierte die Strecke und dieses Bild machte in der ganzen Jagdpresse, nicht nur in der deutschen, die Runde.

Aber auch von einem makabren Erlebnis bei dieser Jagd muss ich berichten. Zahlreiche Hunde hatten ganz in meiner Nähe einen Keiler gestellt, es ging sehr hoch her. Angeschlagene Hunde jaulten auf, es wurde geknurrt und gebellt, die Sache ging nicht voran. Aus diesem Grunde pirschte ich mich zum Kampfplatz und in einem Moment, wo ich den Keiler frei hatte, erlegte ich ihn. Er fiel einfach in seinen Kessel.

Der Keiler hatte kaum den Boden berührt, da hingen schon die Hunde dran.

Der Kampfplatz sah übel aus, Schaum vom wütenden Keiler und Schweiß geschlagener Hunde zeugten von der Härte des Kampfes.

Als ich mich schon zurück auf meinen Platz begeben wollte, sah ich, dass einem rappeldürren weißen Mischlingshund das ganze Gescheide heraushing. Der Hund tat mir sehr leid, wie er da lag. Ich zog mein grünes Jagdtaschentuch, etwas anderes hatte ich ja nicht einstecken, faltete es zu einem Dreieck zusammen, knotete dies, nachdem ich das Gescheide in die Bauchhöhle zurückbefördert hatte, auf dem Rücken des Hundes so zusammen, dass vom Tuch die Bauchhöhle abgedeckt war. Dann trug ich den Hund zur Jagdschneise, wo sich ganz allmählich auch die Treiber einfanden. Den Hund übergab ich seinem Besitzer.

Wir waren schon ein gutes Stück gegangen und ich blickte zurück, wo der Besitzer mit Hund blieb. Dieser hatte zwischenzeitlich mein grünes Taschentuch mit einem gestickten Rehkopfemblem darauf aufgeknotet und eingesteckt. Den Hund ließ er einfach zurück.

Wie versprochen lieferte ich den Tunesiern begeisterte Jagdberichte, ich half bei der Fertigung von entsprechenden Prospekten und schickte weitere Jagdgruppen. Auf meine Berichterstattung hin setzte ein regelrechter Jagdboom, man könnte fast von einem jagdlichen Tornado sprechen, nach Tunesien ein, was zur Folge hatte, dass die Reviere um Ain Draham in kurzer Zeit fast ausgeschossen waren.

Feststellen konnte ich aber, dass sich meine jagdliche Mission für Tunesien zur beidseitigen vollsten Zufriedenheit erfüllt hatte.

Algerien

Nach meiner wirklich sehr erfolgreichen Tunesienreise war es eine Leichtigkeit, auf gleiche Art und Weise die Jagdmöglichkeiten in Algerien zu testen. Algerien war damals und wohl auch zum Teil heute noch touristisch überhaupt nicht erschlossen. Dies gilt im Besonderen für die im Landesinneren liegenden Gebiete.

Im Hohen Atlas gab es überhaupt keine Hotels mit der Folge, dass ich mit meiner Freundesjagdgruppe in einem Schulungsheim für künftige Hotelfachleute irgendwo in einer kleinen Bergstadt, deren Namen ich heute nicht mehr nennen kann und der auch keine Rolle spielt, untergebracht war.

Auch in Algerien waren wir vom Direktor des algerischen Tourismus schon am Flughafen empfangen worden. Für eine unverzügliche Weiterreise in die Atlasberge war bestens vorgesorgt worden.

Die Räume unserer Zimmer hatten keine Türen. Diese waren nicht etwa ausgehängt, sie waren überhaupt nicht vorgesehen. Den Grund erfuhr ich erst kurz vor unserer Rückreise. In diesen Zimmern wohnten die künftigen Hotelfachleute während ihrer Ausbildung. Weibliche Aspirantinnen gab es dort natürlich überhaupt nicht. Sie fehlten aber den jungen kräftigen Männern doch sehr mit der Folge, dass sie sich in den Nächten gerne von Zimmer zu Zimmer besuchten und dergleichen mehr. Dies sollte verhindert werden. Ohne Türen konnte die Nachtwache leichter kontrollieren, ob und wie die Räume besetzt waren.

In nächster Nachbarschaft dieses Hotels stand eine Moschee, von deren Minarett aus uns immer zwei Störche beobachteten, wenn wir in unserer Unterkunft waren. Sie waren wohl für die Anlieferung kleiner Moslems zuständig.

Erst beim Abschiedsfestessen, von dem ich noch berichten werde, merkten wir, dass das Schulungspersonal draußen in der Küche aus der damaligen DDR kam. Diese Ausbilder blinzelten manchmal zwar durch „zufällig" geöffnete Türspalten, aber ein unmittelbarer Kontakt mit uns westlichen Landsleuten war ihnen offensichtlich strengstens verboten. Das gesamte Gedeck und Besteck stammte aus China. Algerien paktierte damals mit den Ostblockstaaten, eine Westjagdgruppe, wie wir sie stellten, war eine kleine Sensation.

Die drei Saujagdtage fanden in den Bergen in einer wirklich atemberaubenden Kulisse statt. Unter den schneebedeckten Berggipfeln lagen die Einstände der Sauen. Wir Schützen wurden zum Teil in Zitronen- und Orangenhainen platziert. An uns vorbei sprudelte milchig grünes Gletscherwasser. Es ist schon unglaublich, wohin sich allüberall unsere Schwarzkittel verbreitet haben.

Die Hunde, die zur Jagd benutzt wurden, jagten völlig stumm. Alle hatten kleine Glöckchen am Halsband und das Gebimmel dieser Bellen hörte man in den absolut stillen Berghängen unheimlich weit, es sei denn, man stand gerade an einem Wasserfall oder an einem wild gewordenen Gebirgsbach.

Wegen dieser Jagdglöckchen kam ich wohl um den besten Keiler dieser Tage. Ich stand in halber Hanghöhe, über mir begann so etwas wie eine Brandschneise. Diese war gute fünfzehn Meter breit, circa zweihundert Meter konnte ich die Schneise nach oben einsehen. Lange Zeit tat sich nichts, es fielen auch keine Schüsse. Mit dem Glas beobachtete ich tief unter mir einen Bergbauernhof. Frauen saßen auf großen runden Steinen und bereiteten das Mittagsmahl vor. Ihr Schwatzen und Lachen war bis zu mir herauf deutlich zu hören, die Akustik war geradezu unheimlich, der Hof lag immerhin etwa tausend Meter entfernt. Hätten die Frauen bemerkt, dass sie beobachtet wurden, wären sie wahrscheinlich unverzüglich in die Hütten geflüchtet. Ich fühlte mich als Voyeur gut unterhalten, die Zeit verging im Fluge. Hier lebten in bescheidenen Verhältnissen glückliche Menschen.

Auf einmal hörte ich noch weit entfernt im Hang rechts über mir ein Glöckchen läuten. Bald bestand kein Zweifel mehr, ein Hund bimmelte sich näher. Gerade als ich mir meine Doppelbüchse, die ich an einen Baum-

Feuchter Abtransport.

stumpf gelehnt hatte, angeln wollte, passierte etwa achtzig Meter über mir ein beachtlicher Keiler die Brandschneise. Bis ich in Anschlag war und den Wechsel im Fadenkreuz hatte, war der Keiler nach links verschwunden. Lediglich den Hund, der zeitversetzt viel später folgte, hätte ich noch bequem schießen können. Es sagt sich ja so leicht, dass man bei Saujagden immer voll konzentriert, sozusagen mit dem Finger am Abzug ausharren soll, aber in einer so fulminanten und gewaltigen Bergkulisse, in der sich das Auge überhaupt nicht sattsehen konnte, hält das wohl kein Jäger durch. Hätte ich mich nur auf die Brandschneise konzentriert, hätte ich wahrscheinlich einen guten Keiler gestreckt, aber viele unvergessliche Beobachtungen und Eindrücke wären mir vorenthalten geblieben.

Von meinen vielen, vielen Jagdreisen brachte ich zahlreiche unvergessliche Erlebnisse mit, die sich um die Jagd rankten, diese aber mitunter gar nicht unmittelbar betrafen.

Einen Überläufer schoss ich bei dieser Jagdreise in einem Zitronengarten, der terrassenförmig über mir lag. Diesen Überläufer trug dann ein algerischer

Unsere algerische Strecke.

Treiber durch einen rauschenden Gletscherbach. Mir gelang ein Foto und dieses Bild ist mir heute noch mehr wert als die Erlegung dieses Kujels.

Das Schwarzwild in Algerien schien mir etwas schwächer zu sein als das tunesische. Den Grund konnte ich mir nur so erklären, dass die algerischen Sauen dort wie Gämsen in den Felsen herumkletterten und da oben hätten sie hundert Kilo und mehr Körpergewicht einfach nicht transportieren können.

Eine Beobachtung vergesse ich auch nie. Von meinem Stand aus konnte ich auf einen etwa vierzig bis fünfzig Meter breiten Gebirgsfluss hinunterschauen. Das Wasser plätscherte flach über hellgraues bis weiß leuchtendes Gestein. Plötzlich platschte eine mittelstarke Sau hochflüchtig durch das Flussbett. Ganz deutlich sah ich, dass dieses Stück, das die hohe Fluchtgeschwindigkeit auch im Fluss beibehielt, zweimal etwas verlor. Ich konnte mir kein Bild über diesen Ballastabwurf bei Tempo 40 machen. Später brachten die Tunesier zwei Frischlinge an, die die Bache dort unten mitten im Fluss einfach verloren hatte.

Wir waren zu spät angereist, dieses Erlebnis bedrückte uns alle.

An einem der Abende kam es zu einer großen Pokerrunde, an der auch der Tourismusdirektor teilnahm. Zweimal schickte er dabei im Verlauf der langen Nacht seinen Fahrer um neues Geld. Völlig verzweifelt schied er dann später nochmals pleite von uns.

Am letzten Abend wurde für uns ein gigantisches echt algerisches Festessen zelebriert. Mehrere Honoratioren waren gekommen, selbstverständlich auch der Tourismusdirektor, der neben mir platziert wurde. Aufgefahren wurden zwei gegrillte Schafe. Die knusprigen braunen Braten knieten regelrecht auf zwei mit Girlanden geschmückten Schlitten, die auf unsere Tafel getragen wurden. Die ostdeutschen Ausbilder dirigierten dabei ihre Schützlinge aus dem Küchentürspalt heraus an die Tische.

Es gab algerischen Rotwein. Das junge Servierpersonal hatte breite Ketten umhängen, an denen kleine Weinprobierschalen hingen. Diese Ketten gaben den jungen Kellnern eine gewisse Würde. Ich wusste zunächst auch nicht, was dieser Umhang sollte, war er bloße Zierde oder diente er tatsächlich dem Service. Daher machte ich unserem Kellner deutlich, er solle mir doch den Sinn und Zweck seiner Umhängekette erläutern. Damit hatte der nun aber zuallerletzt gerechnet. Hilfe suchend schielte er zum Türspalt der Küche. Von dort aus wurde ihm dann deutlich gemacht, dass er mit dem Becher, der an der Kette hing, den Wein, den er uns einschenken wollte, vorher probieren sollte. Der erst gerade voll ausgewachsene Knabe verstand die Anweisungen und öffnete vor uns eine Rotweinflasche. Danach schenkte er sich in seine Kettenschale einen Schluck ein. Das war gar nicht so leicht, es gab dabei leichten Kollateralschaden auf unserer weißen Tischdecke. Vom Küchenspalt wurde er nachhaltig zum Verkosten aufgefordert. Das tat er dann auch, mit deutlicher Freude im Gesicht dokumentierte er uns seine Anerkennung über die Qualität des Weines. Dann, als er sein Schälchen ausgetrunken hatte, ließ er dieses einfach fallen mit der Folge, dass sein blitzweißes Hemd jetzt fast in Herzhöhe einen knallroten Fleck abbekam. Jetzt sah er aus, als hätte er von einem Scharfschützen einen Blattschuss abbekommen. Nur ganz mühsam konnten wir ein Lachen unterdrücken.

Der Tourismusdirektor ließ mich wissen, dass er sich „malad“ fühle und daher den herrlichen Lammbraten nicht voll genießen könne. Trotzdem gelang es ihm in allerkürzester Zeit ein sehr großes Loch in die Seite des Bratens zu „fressen“, anders kann ich das beim besten Willen nicht nennen. Wir durften nur mit drei Fingern der linken Hand zugreifen, Besteck gab es nicht. Damit ich nicht zu kurz kam, machte ich es dem Experten neben mir nach, ich muss sagen, das Schmausen machte uns allen einen Riesenspaß. Zusammen mit den erschienenen Ehrengästen leerten wir die beiden Schlitten bis auf die Gerippe. Rotwein lief in Strömen, der Abschied aus diesen herrlichen Atlasbergen musste ja gefeiert werden.

Am nächsten Morgen trafen wir unseren Direktor nochmals am Flughafen. Er war zur endgültigen Verabschiedung gekommen und verteilte nochmals kleine Erinnerungsgeschenke an uns. Aber auch unsere Gaunertruppe ließ sich nicht lumpen. Der Gewinner der Pokerrunde überreichte dem völlig überraschten algerischen Glücksspieler ein dickes Bündel Banknoten, es war das Geld, das er bei uns verspielt hatte.

Ein Jahr später inspizierte ich noch Marokko. Auch dort gab es Schwarzwild in bejagungsfähigen Beständen, aber die Landschaften, in denen gejagt werden sollte, konnten es mit den herrlichen Gebieten in Tunesien und Algerien nicht aufnehmen. Dies gilt allerdings nur für meine eigene Sichtung, die ja nur einen relativ kleinen Sektor abdeckte.

Persien

1973 reiste ich mit zwei Freunden nach Persien. Wir kamen in ein aufgeschlossenes, modernes und blühendes Land. In Teheran liefen schon die Vorbereitungen zur Kaiserkrönung, die Stadt zeigte sich in einem geradezu fantastischen Outfit. Wir haben sie damals noch sehen dürfen, die wunderschönen persischen Frauen. Sie waren noch nicht verschleiert, im Gegenteil, in Miniröcken zeigten sie, was sie hatten, und das war mehr als beachtlich.

Wenn ich die Fernsehbilder, die heute aus diesem Land kommen, mit unseren Eindrücken von damals vergleiche, dann kommt ganz einfach Mitleid mit den Nachfolgegenerationen auf. Sie haben ein solches Leben doch wirklich nicht verdient, überwiegend wohl auch nicht gewollt.

Jagdlich war Persien wohl das beste Land, das ich je bereist habe. Das gilt ganz besonders für die Möglichkeiten, die die Schwarzwildjagd dort bietet.

Wir jagten damals, wie schon berichtet, im Osten des riesigen Landes, nicht weit von der Grenze zu Afghanistan entfernt. Von Teheran aus fuhren wir stundenlang nach Osten. Vor Antritt der langen Autofahrt hatten wir uns mit frisch gerösteten Pistazien reichlich eingedeckt. Ich habe nie wieder so wohlschmeckende Pistazien gepult wie in Persien. Wenn man mit diesen Früchten einmal anfängt, kann man überhaupt nicht mehr aufhören. Bei uns führte das dazu, dass wir am Ende unserer langen Autofahrt in einem großen Geländefahrzeug bis weit über die Knöchel in Pistazienschalen saßen.

Unterwegs, wenn wir in kleinen Dörfern hielten, wurden uns Spieße vom offenen Feuer mit Lammleber und Zwiebeln und Paprika angeboten, auch süßes Gebäck gab es in noch nie gekosteter Herrlichkeit.

Wir fuhren durch ein Land, in dem Milch und Honig zu fließen schienen.

Unterwegs jagten wir in einem endlos weiten Revier erfolgreich auf Schafe und Bezoarwild, dann ging es weiter in den Reza Pahlavi Park auf Sauen. Der Begriff „Park“ täuscht, wir jagten in freier Wildbahn. Allerdings trafen wir dort auf eine Wilddichte, die uns regelrecht von den Socken holte. Die Größe des Reviers kann ich nicht angeben, es war auf jeden Fall riesig. Landwirtschaftliche Flächen gab es nicht, jedenfalls dort nicht, wo wir jagten. Das ganze Gebiet schien dem Wild zu gehören. Besonders Sauen fanden in den unendlich weiten Wäldern ihr Paradies.

Hinzu kam, dass sich die einheimischen Jäger so gut wie überhaupt nicht um Sauen kümmerten. Schwarzwild war unrein, kein Mensch war an Trophäen oder Wildbret von Sauen interessiert.

Allerdings hing in dem bombastischen Jagdhaus ein großes Bild, das einen der Schahsöhne auf einem wunderschön aufgezäumten weißen Araber zeigte. Vor ihm lagen drei ganz starke Keiler und auch ein Braunbär, wenn ich mich recht erinnere.

Auf einem weiteren Bild war dieser Jüngling mit einem gestreckten Schneeleoparden abgebildet.

Im Revier pirschten wir tagsüber. In den weiten almartigen Hängen stand immer Wild. Starke Rotten von Schwarzwild begannen erst nach Sonnenaufgang, wenn der Neuschnee zu tauen begann, in den Hängen zu brechen. Dabei standen einzelne Stücke so tief im Gebräch, dass man nur ihre Rückenlinie und manchmal nicht einmal diese sah. Ab und an flog Erdreich aus dem Gra-

ben, es sah so aus, als wollten sich die Sauen tiefer und tiefer eingraben. Riesige Keiler sahen wir allenthalben. Jeder von uns hatte drei starke Keiler frei. Bei der Buchung dachte ich damals an einen Witz des Veranstalters, vor Ort aber merkten wir bald, dass wir dieses Ziel leicht erreichen konnten und dies noch dazu auf Tagespirschen. Wo gibt es so etwas sonst noch?

Wenn wir schon „nur" drei starke Keiler schießen durften, dann wollten wir natürlich die stärkstmöglichen schießen. Das war gar nicht so einfach. Die Keiler brachen im Pappschnee; wenn sie aufwarfen, sah man ein schneeverpapptes Gebrech, mehr aber nicht. Die Länge der Gewehre zeichnete sich im allgemeinen Weiß vorne am Wurf einfach nicht ab.

Trotzdem schossen wir alle sehr gute Keiler. Aber ein anderer deutscher älterer Jäger überraschte uns allabendlich mit noch besseren, kapitaleren Waffen. Wir konnten es uns lange nicht erklären, wie dieser Senior das immer wieder schaffte. Er hatte sechs Keiler frei und er schoss mindestens vier Keiler, die unsere neun Keiler weit übertrafen. Später bei der Abreise verriet er uns dann schmunzelnd sein Jagdrezept. Er pirschte seit Jahren immer mit dem gleichen Jäger und der ließ ihn auf alle starken Keiler schießen, die sie antrafen. Aufgenommen wurden nur die Häupter der zwei besten Tageskeiler! Dieses System funktionierte offenbar mit dem entsprechenden Trinkgeld anstandslos. Wir waren damals viel zu naiv für einen derartigen Deal.

Vom gestreckten Wild trennten die Jäger nur das Haupt ab. Dieses wurde dann transportiert, indem ein Haselnussstock durch die beiden eingeschlitzten Teller gesteckt wurde.

Den stärksten meiner Keiler, dessen Gewehre immerhin etwas über 22 Zentimeter maßen, schoss ich aus einem Felsband hoch über uns heraus. Er folgte einer langen Perlenschnur stärkerer und schwächerer Sauen, die von einer pechschwarzen Lokomotive, einer Urbache angeführt wurde.

Dieser Keiler stürzte nach dem Schuss aus der Wand und fiel im freien Fall fünfzig Meter tiefer in eine Eichenkrone hinein, in der er fest verkeilt hängen blieb. Ich habe davon in meinem Buch „Unterwegs in Sachen Jagd“, das heute leider vergriffen ist, berichtet. Das Bild

Der Keiler im Baum.

des Keilers in der Eichenkrone sei an dieser Stelle aber noch einmal gezeigt. Der Keiler klappert noch mit dem Gebrech, als der persische Jäger zu ihm hinaufkletterte. Er war aber so festgekeilt, dass ihm eine andere Bewegung nicht mehr möglich war. Der Keiler hatte die weite Kugel von unten schräg noch oben durch die Lunge bekommen. Lungenschweiß tröpfelte mir, der ich unter dem Baum nach oben fotografierte, damals ins Gesicht.

Wenn sich die politischen Verhältnisse in Persien nicht für uns so unglücklich entwickelt hätten, wäre ich mit absoluter Sicherheit noch öfter in dieses einmalige Jagdland geflogen.

Auch im Süden, an der Grenze zum Irak, im Zweistromland, sollte es nämlich Sauen über Sauen geben. Ein Amerikaner berichtete uns das und belegte seine dortige Jagd mit gewaltigen Keilertrophäen. Dort wollte ich damals hin, auch wenn mir von Hitzewellen weit über 40 °C berichtet wurde.

Es kam aber leider anders, die böse Politik machte mir einen Strich durch diese Rechnung. Saddam Hussein ließ im Nachbarland Irak sogar Großteile der Sümpfe trockenlegen, wie aus der Presse zu erfahren war. Zweifellos wurde dadurch ein Naturparadies einfach vernichtet.

Der schon erwähnte ältere Jäger hatte Jahre vor uns dieses Paradies entdeckt, besuchte und bejagte es regelmäßig. Da er sehr betucht war – ihm gehörte eine Kaufhauskette –, hatte er bei einem seiner Besuche in einem Dörflein einen ganz besonderen Teppich zu weben in Auftrag gegeben. Die Maße waren riesig, ich glaube mich an 9 x 6 Meter zu erinnern. Die persische Familie knüpfte ein volles Jahr an diesem Teppich, den der Jäger dann gleich auf die Heimreise mitnahm. Der Teppich war zusammengefaltet und bildete ein gewaltiges Paket von nahezu einem halben Kubikmeter. In Frankfurt am Zoll rechnete der Käufer mit einem hohen Zollbetrag, aber dafür war er ja gerüstet.

Da er den Teppich selbst überhaupt nicht transportieren konnte, rief er einen Gepäckträger mit einem Transportwagen. Er sollte das Prunkstück zu seinem Auto bringen, an dem sein Chauffeur bereits auf ihn wartete.

Wie es genau kam, wusste der Mann selber nicht mehr. Als er mit seiner Waffe und seinem sonstigen Gepäck endlich den Flughafenzoll passiert hatte, winkte ihm draußen in der Ankunftshalle schon der Gepäckträger mit seinem Teppichpaket. Er war mit dieser Riesenfracht einfach an der Zollkontrolle vorbeigefahren. Dieser Helfer bekam damals ein Trinkgeld, das unter allen Gepäckträgern des Flughafens Furore machte.

Heute kann man wieder nach Persien zur Jagd reisen. Was man so hört, soll wieder sehr gute Jagd geboten werden. Mich stört aber die politische Veränderung, ich habe mich damals in Persien so wohl gefühlt, heute könnte ich mir so eine ungestörte und uneingeschränkte Jagdfreude einfach nicht vorstellen.

Spanien

Der alte Recke aus Toledo

Leider und völlig zu Unrecht kommt Spanien jagdlich gesehen vielen „spanisch" vor. In diesem Land warten aber beste und fast unbegrenzte Jagdmöglichkeiten auf Jäger. Dazu jagt man meist in grandiosen Landschaften. Für uns Jäger wird dieses Land eigentlich erst im Innern, also weiter weg von der katastrophal zugebauten Küste überhaupt schön und interessant. Dort ist das Land meist sehr dünn besiedelt, es gibt riesige unbewohnte Gebiete. Das Land ist überwiegend bergig, ja gebirgig. Im unteren Teil der Hänge wachsen Korkeichen, weiter oben fangen die Felsregionen an. In den Eichwäldern fühlen sich natürlich die Sauen wohl.

Im Februar 1993 durfte ich mich über die Einladung auf einen starken Keiler aus den Bergen von Toledo freuen. Das Revier „El Sauceral" war mir bereits bekannt, ich schoss dort vor zwei Jahren einen reifen Brunfthirsch. Diese Einladung kam über den damaligen Schriftleiter von Wild und Hund, Herrn von Lettow-Vorbeck, zustande. Das Revier gehörte seinem Schwiegersohn. In seinem Buch „In der späten Vespersonne", erschienen im Verlag Paul Parey, beschreibt er eine Hirschbrunft in diesem Revier.

Die Einzeljagd auf Keiler muss vom Revier vorbereitet werden, wenn der weit angereiste Gast Erfolg haben soll. Da es in spanischen Bergen Steine in allen erdenklichen Ausführungen und Größen gibt, werden einfach über dem Kirrmais Steinpyramiden aufgetürmt. Weil auf dem knochentrockenen Boden das Abfährten oft unmöglich ist, erforscht man die Stärke der Sauen ganz einfach mit der Größe der zum Abdecken verwendeten Steine. Das führt dazu, dass alte, reife Sauen schon mittelschwere Felsbrocken wegräumen müssen, wenn sie an den Mais kommen wollen.

Die örtliche Jägerei schließt auch aus der Art und Weise, insbesondere wie weit das angefütterte Stück die Steine wegschleudert oder schiebt, auf dessen Stärke.

Zudem lässt sich so ein Kirrplatz von Weitem mit dem Fernglas gut kontrollieren. Steht die Pyramide noch, war kein nächtlicher Besuch da, ist sie weg, muss neu gekirrt werden.

In meinem Fall schien man einen ausgesprochenen Steinschleuderspezialisten an der Angel zu haben, Jäger José zeigte mir Felsbrocken von beachtlicher Größe, die der Keiler in der letzten Zeit Nacht für Nacht weggewuchtet hatte.

An einem lauen Vorfrühlingsabend setzten wir uns, meine Frau, José und ich, einfach auf einem Erdbänkchen auf den Keiler an. Drüben am Gegenhang thronte auf 80 Meter Entfernung die Keilerpyramide. Es war früh am Abend, die Sonne stand hoch, aber der Keiler durfte ja unseren Anmarsch auf keinen Fall mitbekommen. Vielleicht saß er gar nicht weit vor uns im Gegenhang und kontrollierte bereits vom Kessel aus unter Wind die Vorgänge um seinen Kirrplatz herum.

Der herrliche spanische Ansitzabend war allein schon die Flugreise wert. Wildgänse zogen hoch über uns mit wildem Schrei nach Norden, sie hatten noch eine weite Reise in ihre nördlichen Brutgebiete vor sich und durften nicht viel Zeit versäumen. Als der Himmel ganz vorsichtig und schüchtern das erste Rot zeigte, begannen sich in den Hügeln über uns zwei Füchse zusammenzubellen, ihre Rufe und Antworten waren lange Zeit die einzigen Laute, die aus der grünen Hügelunendlichkeit zu uns drangen.

Dann wurde es still und spannend, die Zeit des Zwielichtes nahte, der glutige Sonnenball war untergegangen. Die Zeit zwischen Sonnenuntergang und Dunkelheit nervt den Jäger am meisten, sie täuscht ihn, macht ihn nervös und nagt an seiner kurz zuvor noch so großen Hoffnung.

Plötzlich ruckten meine Frau und der Jäger gleichzeitig etwas vor, sie hatten Steineln im Gegenhang vernommen. Meine vom vielen Schießen erheblich beschädigten Lauscher erlaubten einen solch ausgesprochenen Gehörgenuss leider nicht mehr.

Ich behelfe mir in solchen Augenblicken höchster Spannung allenfalls mit einer guten Portion Einbildung. Verhoffte etwa der Keiler schon im Strauchwerk unter der Kirrung? Wie würde er anwechseln?

Aufreizend lange Zeit geschah überhaupt nichts mehr, es wurde dunkler, das Büchsenlicht drohte zu schwinden.

So wechseln nur ältere, gewitzte Stücke an, sie lassen sich Zeit, stehen in sicherer Deckung und sondieren das Gelände. Das Futter ist ihnen ohnehin sicher, also warum sollten sie sich auch überstürzt und unnötig in Gefahr begeben. Keiler, die schon manche Kugel pfeifen hörten und neben denen schon oft und immer wieder Rottenmitglieder fielen, sind sehr, sehr vorsichtig. Auch in Spanien und auch in den entlegensten Revieren. Manchmal meine ich, sie wollen auch Fehler mit ihrem Verhalten provozieren. Wer jetzt noch mit der Büchse herumhantiert, einsticht und wieder sichert, der macht Fehler, die sich bitter rächen können. Auch ich hörte schon öfter in den Momenten der allerhöchsten Spannung das laute und so überaus gefürchtete „Wuff" und vorbei war alles.

Hatte sich der Keiler in Luft aufgelöst, hatten sich die beiden Lauscher verhört? Mehr und mehr musste ich schon das Nachtglas zu Hilfe nehmen, wenn ich den Steinhaufen im Gegenhang noch sehen wollte. Es war die Zeitspanne der vornächtlichen Gaukelspiele, plötzlich meinte man überall Keiler zu sehen. Recht viel später durfte dieser aber jetzt nicht mehr kommen, José, der Jäger, wiegte zweifelnd mit dem Haupt.

Urplötzlich sah ich dann den Keiler, er kam natürlich von unten, wo wir ihn überhaupt nicht erwartet hatten. Der Schlaumeier hatte in der Deckung des Gegenhanges die Kirrung umschlagen – daher das kurze Steineln – und steuerte jetzt mehr verhoffend als ziehend gegen den Wind den Mais an. Nicht oft im Jägerleben sieht man so einen alten Kämpen. Das Stück sieht aus wie ein Stoßkeil, die ganz Wucht und Kraft sitzt im vorderen Drittel. Erst wenn der Rücken deutlich nach unten abfällt und wenn die Pürzelquaste fast den Boden streift, ist ein Keiler wirklich alt und reif.

So ein alter Keiler ist bei schon schwindendem Büchselicht ganz einfach das personifizierte Misstrauen schlechthin. Minutenlang fixierte das eisgraue Stück regungslos unseren Erdsitz. Bebend vor Angst, wahrgenommen zu werden, schaute ich wie hypnotisiert durchs Nachtglas auf die feucht glänzende Scheibe des Keilers. Würde er weiterziehen oder blitzschnell abspringen in die dichte, längst nachtdunkle Jarra hinein?

Geradezu inständig flehte ich um seine nächsten Schritte. Alle drei atmeten wir längst nur noch ganz flach, mich hatte darüber hinaus das Jagdfieber schon am Wickel, das übervorsichtige Verhalten des Keilers war Gift für mich. Ich brachte den ganzen Erdsitz in Schwingungen, aber auch José stöhnte verhalten.

Nach schier endloser Zeit zog der Keiler wieder zwei Schritte vor, jetzt konzentrierte er sich ganz zur Kirrpyramide hin, aber er hatte es beileibe noch nicht eilig, die ganze Nacht stand ihm ja zur Verfügung. Jetzt versperrte auch noch ein Ast etwas die Sicht auf das Wild, ich konnte aber dadurch ganz vorsichtig zur Büchse greifen und in Anschlag gehen.

Im Zielfernrohr sah ich die Fläche vor der Kirrung, nur der Keiler fehlte dort noch. Ich musste absetzen, war er überhaupt noch da, der Keiler? Meine Begleiterin nickte kaum merklich. Mit bloßen Augen war jetzt kaum noch etwas zu sehen, aber als ich wieder durch das angeschlagene Zielfernrohr blickte, sah ich die Silhouette des Keilers, der wie ein Denkmal vor der Pyramide verhoffte. Mir war fast schlecht vor Anspannung, als ich endlich abdrückte.

Der alte Recke aus den Bergen von Toledo hat den Schuss nicht mehr vernommen, er verschlegelte sekundenschnell am Anschuss. José sprang wie von der Tarantel gestochen zum gestreckten Wild hinüber, mich ärgerte das etwas, aber man soll Jägern in fremden Revieren nicht reinreden, sie wissen schon, was sie zu tun haben.

Ergriffen standen wir später am Keiler. Sein Gewaff zeigte aufregend viel Weiß und seine kleinen Lichter zwinkerten im Schein unserer Lampe immer noch verschmitzt. Der Keiler war achtjährig und seine breiten ebenmäßigen Waffen maßen über 22 Zentimeter. Der Wochenendausflug nach Spanien hatte sich wirklich gelohnt.

Der Recke aus Toledo.

Sibirien

Kalt war's

Insgesamt war ich dreimal in Ostsibirien, in der Primorskij-Taiga auf Sauen. Anlass dieser Reisen waren Berichte über weltstärkste Keiler. Wie immer organisierte und plante mein Freund Rudi Humme diese Reisen.

Man muss schon sehr sauenverrückt sein, um so weite Jagdausflüge überhaupt zu machen. Aber Berichte über die dortigen Keiler und Jagdverhältnisse elektrisierten eben wieder einmal. Hätte damals 1991 und 1992 jemand von Sauen auf dem Mond berichtet, hätte ich zweifellos Rudi auch dorthin einen Reiseauftrag gegeben, verrückt ist eben verrückt.

In das Riesengebiet am Amur und Ussuri kommt man erst nach einem langen Flug von Moskau nach Wladiwostok oder Chabarowsk. Von diesen Städten aus geht es dann in einer Nachtfahrt mit der Transsibirischen Eisenbahn weiter zum Jagdgebiet. Den letzten Teil der Reise fährt man in einem russischen Jeep, der immer fürchterlich nach Benzin stinkt, aber durchhält.

Der Flug von Moskau nach Osten zeigt den Reisenden so richtig die unermesslichen Weiten Russlands. So ein Flug dauert länger als ein Flug nach Kanada! Man überfliegt stundenlang unendlich scheinende Wälder; riesige Gebiete unter dem Flugzeug sind wahrscheinlich überhaupt noch nicht erschlossen. Mehrfach und fast zwangsläufig kamen in mir Gedanken auf, was die deutsche Wehrmacht denn weiter gemacht hätte, wenn sie Moskau tatsächlich erobert hätte. Militärische Vorstöße in diese Weiten wären doch einfach nicht möglich gewesen, da die Nachschubwege immer länger bis schließlich unendlich geworden wären. Aber damals hat der große Feldherr wohl überhaupt nicht daran gedacht. Mit Kartenstudien ist es da nicht getan, man muss die unermesslichen Weiten sehen und kennenlernen.

Wir überflogen sie im Düsenjet, damals hätte nur die alte JU 52 zur Verfügung gestanden, eine aberwitzige Vorstellung.

Was ein biederer deutscher Waidmann bei solchen Reisen oft denkt, bewies mir mein Freund Dieter, der wieder einmal mit von der Partie war. Wir kamen sehr spät in Moskau an und um in unser Quartier zu gelangen, mussten wir diese Stadt fast von Ost nach West vollständig durchqueren, was mehr als eine gute Stunde Fahrtzeit in Anspruch nahm. Dieter klebte wie immer beim Fahren in der Fremde gespannt und interessiert mit der Nase an der Windschutzscheibe. Wir dösten einfach vor uns hin. Auf einmal schreckte uns der brave Konditormeister mit einem Satz hoch, der an Irrealität wohl nie mehr überboten werden kann. Er sagte laut zu uns: „Mensch, ich hätte ja nie gedacht, dass des Kaff so groß ist!“ Unglaublich!

Die ersten beiden Reisen machten wir im Winter, im Dezember, weil dort in der Primorje Rauschzeit und die Riesenkeiler den ganzen Tag über auf den Läufen sein sollten. Wie oft bei solchen Reisen in jagdliches Neuland kam es natürlich ganz anders. Wenn man aber dabei nicht nur auf den jagdlichen Erfolg fixiert ist, dann erlebt man sehr viel Interessantes und auch Einmaliges, sodass auch die längste Anfahrt lohnt.

Für meinen Freund Rudi Humme erfüllte sich mit dieser Reise in die Primorje sogar ein Jugendtraum. Er hatte als Junge ein Buch „Silber am Sandawaku“ von Joseph M. Velter gelesen. Dieses Buch, das tatsächlich faszinierend unheimlich geschrieben ist, ließ ihn in all der Zeit einfach nicht mehr los. Der Autor war für Rudi sozusagen damals der Karl May des Ostens. Mit mir sprach er unzählige Male darüber. Als wir unser letztes Teilstück zum Jagdcamp fast hinter uns gebracht hatten, querten wir einen der dort zahlreichen kleineren Flüsse durch eine Furt. Dies nahm Rudi zum Anlass, nach dem Namen dieses „unbekannten“ Flüsschens zu fragen. Die Antwort: „Das ist der Sandawaku“, riss ihn fast aus dem Autositz. Rudi war am Ziel seiner Träume angekommen. Merkwürdig ist das ja schon, viele tausend Kilometer von der Heimat entfernt, wird so eine Frage gestellt und die Antwort ist ein ausgesprochener Volltreffer.

Eingestellt auf eine anstrengende Urwaldjagd ohne Weg und Steg verzichtete ich bei der ersten Reise auf ein Zielfernrohr. Windbrüche sollten durchquert werden, dazu bürstendichte Waldpartien und vieles mehr, das alles, so dachte ich mir, bekäme meinem Zielfernrohr nicht gut. Weitschüsse wären sowieso nicht möglich, also musste das Schießen über Kimme und Korn ausreichen. Auch mein Fernglas ließ ich meist im Lager, da es Fernsicht während dieser täglichen Pirschgänge so gut wie nie gab. Man hatte mit sich selbst, der Büchse und einem Rucksack mit Notproviant gerade genug über Stock und Stein zu schleppen. Ich war zwar gut zu Fuß, aber wenn wir nachmittags gegen fünfzehn Uhr zum Lager zurückkamen, weil es schon zu dunkeln anfing oder wenn wir ausnahmsweise das Glück hatten, irgendwo an einem Weg mit dem Auto abgeholt zu werden, war ich immer fix und fertig. Erst nach einer heißen russischen Sauna, die dort in keinem Winterlager fehlt, kamen die Lebensgeister allmählich zurück.

Die erste starke Sau, die ich damals zu Gesicht bekam, stand abgeschwartet aufgerichtet und steif gefroren im Eingang eines kleinen Jägerhauses. Hier sägte die Hausfrau einfach die zum Essen benötigten Portionen ab, weshalb die Sau auch schon ramponiert aussah, aber man hatte ja schon ein paar Wochen von ihr gelebt.

Gewaltig setzte mir damals die Kälte zu, wir hatten tagsüber Temperaturen zwischen 36 und 40 Grad unter Null. Über eine arktische Ausrüstung verfügten wir alle nicht, längere Rasten bei den Pirschen konnten wir uns da überhaupt nicht leisten, weil wir in Bewegung bleiben mussten.

Wir jagten, indem wir Saufährten, von denen wir täglich einige fanden, einfach ausgingen. Manchmal kam man dabei an Schwarzwild, manchmal war dieses aber zu weit voraus und konnte an einem so kurzen Wintertag einfach nicht mehr eingeholt werden. Die Enttäuschung bei so einem Jagdabbruch war immer ganz erheblich. Schnee lag so um die 25 cm hoch, man wäre also gut vorangekommen, wenn uns der Wald nicht andauernd große und zum Teil unüberwindliche Hindernisse in den Weg gelegt hätte. Ständig mussten wir über Stämme klettern oder unten durchkriechen, Windbrüche jeglicher Größe mussten umgangen werden, es ging immer bergauf, bergab, die Primorje ist eine einzige unermessliche Hügel- und Berglandschaft. Dort, wo wir jagten, gab es überhaupt keine größeren ebenen Flächen.

Offensichtlich hatte man sogar geplant, an einigen Stellen Sauen anzukirren. Im Lager lag ein beachtlicher Stapel von Walnusssäcken. Aber diese Säcke lagerten eben dort und waren von der Jägerei einfach noch nicht verteilt worden. So etwas ist in Russland ganz normal, wahrscheinlich ließ sich diese Ware später anderweitig besser verwerten!

Ähnliches erlebte ich ein paar Jahre später im Wolgadelta. Dort sollten wir in einem Jagdhaus, das für Breschnew errichtet worden war, mitten im Delta wohnen. Dies war aber leider nicht möglich, weil die Matratzen für die Betten noch nicht angekommen waren. Wir zogen daher in ein wunderschönes Hausboot ein und das Schiff, das die Betten brachte, begegnete uns bei der Abfahrt.

Die Waldungen bestanden in erster Linie aus Laubhölzern, Birken, Linden, Aspen und Walnussbäumen. Immer wieder fand man auch größere Partien von Kirschbäumen. Meist waren die Kronen dieser Bäume eingeknickt, Bären hatten sich bei der Kirschernte auf diese Weise bequeme Plattformen in luftiger Höhe geschaffen.

Das Schwarzwild fand man aber tagsüber immer in den eingesprengten Zirbelkieferbeständen. Dort fand es in den abgefallenen Zapfen beste Nahrung und das mitten im strengsten Winter. Kein Wunder also, dass Sauen dort so stark werden, Stücke mit 250 bis 300 kg sollen dort tatsächlich vorkommen. Die riesigen Fährten, denen wir folgten, bestätigten dies eindrucksvoll.

Oft kam man nicht an Sauen, man musste schon sehr froh sein, wenn man einmal am Tag auf sie stieß. Immer sah sie dabei der russische Jäger zuerst. Das war sein Heimvorteil. Wenn er mich dann auf sie aufmerksam machte und mich deutend einwies, sah ich sie dann aber auch. Jetzt auf einmal hoben sich die dunklen Klumpen überdeutlich von ihrer Umgebung ab. Vorsichtig pirschten wir von Baum zu Baum näher. Ich griff noch nicht zur Büchse, meine Finger wären in Kürze steif gefroren gewesen.

Die Rotten, die wir antrafen – während der ersten Jagdwoche waren es nur drei – waren klein. Vier bis sechs Sauen bildeten jeweils einen Verband. In dem sehr lesenswerten Buch vom Taigajäger Dersu Usala von Wladimir Arsenjew, erschienen im Unionsverlag, war noch von Rotten über hundert Stück die Rede. Dies war im Jahre 1902. Der Wildbestand war also auch dort merklich zurückgegangen. Die Gründe waren sicherlich mannigfacher Natur. Einer der Hauptgründe dürfte aber wie überall Verbesserung und Weiterverbreitung von Waffen sein.

Das Wild war in die Suche nach Kiefernzapfen vertieft und achtete nicht besonders auf seine Umgebung. Das verblüffte eigentlich, wo doch der Amortiger dort allenthalb seine Fährte zog und zieht. In dem hundertzwanzigtausend Hektar großen Gebiet berichtete man uns noch von einem Bestand von circa fünfzig Tigern.

Über uns in den Baumkronen turnten dunkelbraune bis schwarze Eichhörnchen, die auch diese Früchte suchten. Sie waren es auch, die unzählige Zapfen nach unten warfen, sehr zur Freude der Sauen. Unsere Jäger, reine Waldläufer, bejagten in erster Linie diese Eichhörnchen und natürlich auch die Zobel, deren Felle sehr gefragt waren. Den Jägern waren dabei Vorgaben gegeben, die sie erfüllen mussten. Einmal brachen von unserem Waldlager aus zwei Eichhörnchen- und natürlich auch Zobeljäger auf. In ihren Rucksäcken hatten sie als Proviant Kaffee, Tee, Zucker und Salz und natürlich auch Zigaretten, mehr aber auch nicht. Meine Frage, wie lange sie vom Lager wegbleiben würden, beantworteten sie mit „sechs Wochen"! Das hätte ich nie und nimmer durchgehalten. Die Zivilisation hat uns doch schon gewaltig verdorben.

Beim Ansprechen der Sauen fehlte mir jedoch ein Fernglas. Nur mit seiner Hilfe hätte ich das Wild sauber ansprechen können. Mehr als fünfzig Gänge kamen wir nie an die im Schnee brechenden Sauen heran. Wenn wir nicht mehr weiterkamen, knieten wir uns in den Schnee und mein Russe fixierte das Wild. Die Stücke zeigten sich rabenschwarz und sehr stark, allzu lange konnten wir wegen der irren Kälte leider so nicht spekulieren. Ich vertraute aber meinem Führer; wenn er „Kaban" sagte und mir das Stück zeigte, schoss ich auch. Obwohl ich zu diesem Zeitpunkt, also 1991, schon sehr viele Sauen geschossen hatte, war mir das Ausmachen und Ansprechen eines Keilers unter diesen Stücken einfach nicht möglich. Das klingt etwas armselig, ist aber wahr. Dies deshalb, weil man zum Ansprechen überhaupt keine Zeit hatte. Wenn ich in Anschlag ging und über Kimme und Korn den mir avisierten Kaban anpeilte, eilte es schon, denn die Kälte stach sehr schnell gewaltig in die Fingerspitzen. So kam es, dass ich zweimal riesige Bachen streckte, „Kabane" nach russischer Zielansprache.

Einmal sahen wir eine brechende Rotte unter uns im Hang. Ein riesiger dunkler Kasten zog spitz auf uns zu, er kam höher und höher. Das Stück nahm nicht ein einziges Mal den breiten Wurf aus dem Schnee. „Kaban" röchelte mein Führer und im Feuer lag eine Sau. Jetzt wurde ein zweites Stück, das tiefer gestanden hatte, abspringend sichtbar und das war so ein riesiger Keiler. Er verschwand in Sekundenschnelle im Hang, die große Chance war vertan. Aber ich sehe sowohl manchmal im Traum als auch bei vollem Bewusstsein immer wieder noch, wahrscheinlich auch bis an mein Lebensende diesen Riesenkeiler vor mir abspringen.

Nach dem Aufbrechen der Beute, das wegen der Kälte eine Tortur ganz besonderer Art war, zogen wir das Stück, das im Schnee wunderbar glitt, an einen Punkt, von dem aus es später abtransportiert werden konnte. Zum Schutz vor Raubwild, vor allem gegen Kolke spannte der Russe einfach ein Schnurkreuz einen halben Meter über das schneebedeckte Stück. Diese Schnur hält die äußerst misstrauischen Rabenvögel ab, die mit ihrem Lärm sofort andere Fleischfresser angelockt hätten.

Aufgefallen ist mir, dass diese Sauen zwar eine sehr dichte, aber umso weichere wolligere Decke hatten. So rauborstig wie unsere Wintersauen waren sie nicht. Diese wollige Decke bedeckt dafür aber auch lückenlos den ganzen Unterbauch.

Bei unseren Pirschen stießen wir öfter auf Saukessel. Diese lagen meist in steilen Hängen und sahen aus wie riesige Schwalbennester. Die Kessel waren lediglich mit einigen dürren Reisern ausgelegt, die sich die Sauen von den nahen Sträuchern abgebissen hatten. So überlebt dieses Wild Nächte mit über vierzig Grad unter Null problemlos.

In diesem Revier zogen wie schon gesagt sibirische Tiger ihre Fährten. Wir sahen keinen Tiger, aber ein Tiger hat uns mindestens zweimal gesehen. Einmal hörten wir weit vor uns lautes Krähengezank. Kolkraben stritten sich. Mein Jäger nahm dies sofort zum Anlass, sein Sturmgewehr schussbereit in die Hände zu nehmen. Er forderte auch mich dazu auf. „Tiger", flüsterte er. Vorsichtig näherten wir uns dem Lärm. Unwillig spät flogen die großen schwarzen Wotansvögel auf. Vor uns lag ein noch warmer, fast ganz aufgefressener sibirischer Rehbock. Breite Prankenabdrücke im Schnee zeigten uns, dass wir einen Tiger beim Mahl gestört hatten. Eilig und vorsichtig zogen wir uns wieder zurück, so ein Tiger will keinen Mitesser, er verteidigt normalerweise seine Beute. Hier geschah aber nichts, was uns doch sehr erleichterte.

Wölfe gibt es übrigens in der Primorje nicht oder nur ganz selten, sie können sich dort, wo der Tiger haust, nicht halten und werden von diesem genau wie Hof- und Hirtenhunde gefressen. Als die Jagd auf den Amortiger noch frei war, lockten die Jäger Tiger mit Hunden an, die sie in Drahtkäfigen ausgesetzt hatten. Den Hunden wurde es langweilig, sie fingen erst zu winseln und später dann zu heulen an und dies waren Sphärentöne für einen Tiger, der auf Beute aus war.

An einem anderen Tag kehrten wir am Spätnachmittag auf unserer eigenen Spur wieder zum Ausgangspunkt zurück. Zu unserem großen Erstaunen standen in unserer Spur die breiten Prankenabdrücke eines Tigers. Er war uns ein großes Stück einfach gefolgt, wir hatten diesen Waldgeist aber nicht bemerkt.

Wunderschön war eine Sommerjagdreise in die Primorje. Nachdem es im Winter mit Keilern nicht geklappt hatte, wollten wir diese in den reifenden Getreidefeldern schießen. Wir hatten gar nicht gewusst, dass in Ostsibirien überhaupt Landwirtschaft betrieben wird. Wir wurden aber nach unserer Ankunft eines Besseren, eines weitaus Besseren belehrt. Wir trafen dort auf riesige Haferschläge, in die von den Wäldern aus breit getretene Bärenpässe und Sauwechsel hineinführten.

Aber auch diesmal kamen wir nicht zum gewünschten Erfolg. Der Grund lag darin, dass dort flächendeckend stark gewildert wurde. Viele Männer haben dort offensichtlich keine Arbeit, sie haben Zeit zum Herumstreifen und auch zum Wildern. Was sollten sie auch so abgelegen von der übrigen Welt anderes tun als jagen, fischen und saufen?

Bald mussten wir leider auch feststellen, dass man uns so schnell wie möglich wieder loshaben wollte. Extra für uns vorher angebrachte bescheidene Ansitzleitern wurden umgeworfen, Zettel mit der Aufschrift „Verschwindet!" hingen am Gestänge. Unter solchen Umständen fühlt man sich einfach nicht wirklich wohl. Dies war schade, denn wir erlebten dort ein paar sehr heiße, blauhimmlige wunderschöne Sommertage. In den Flüssen konnten wir baden, Mücken gab es in den großen gelben Feldflächen so gut wie nicht. Zur Aufbesserung unserer mehr als bescheidenen Verpflegung schoss ich beim Pirschen einen Rehbock. Am Ende unserer Jagdwoche war von ihm nichts mehr, aber auch gar nichts mehr übrig.

Bären sahen wir bei Mond weit draußen in den Schlägen im Getreide stehen. Auf einen dieser Petze hatte es mein Jagdfreund, der „Dicke Fred“, der aufgebrochen weit über hundert Kilo auf die Waage gebracht hätte, abgesehen. Immer wurde das frei stehende Leiterchen, auf dem er im Getreide auf diesen Bären passte, wieder verrückt und an neuen verheißungsvollen Stellen, an denen frische Bärenlosung aus der vergangenen Nacht lag, aufgestellt. Fred saß dann Stunde um Stunde in den hellen Nächten über dem Hafer. Von Weitem sah es in der Nacht dabei so aus, als hätte ein starker Bär auf der Leiter Platz genommen, um sich etwas auszuruhen.

Tagsüber fährteten wir immer wieder ab. Auf den Schadensflächen fanden wir Saulosung von einer Stärke, wie ich sie noch nirgends in der ganzen Welt gesehen hatte. Wunderbare, fast handtellergroße himmelblaue Schmetterlinge fielen mir überall auf. Pilze und Beeren gab es in Hülle und Fülle.

In einem Dorf suchten wir den einzigen Laden auf. Das Warenangebot war mehr als bescheiden. Es gab einige Kämme und eine Schüssel Äpfel. Dazu noch einige in grobes graues Packpapier eingewickelte undefinierbare Waren. Die freundliche Verkäuferin hatte eine hellgrüne Haube auf und trug einen Mundschutz, sie sah aus wie eine Chirurgin. Zu tun hatte sie allerdings nichts. Wir kauften die Äpfel und schenkten sie einer Gruppe Kindern, die uns neugierig in den Laden gefolgt war.

Auch diesmal haben wir keinen Keiler bekommen. Der Nachfolger allerdings schoss in einem benachbarten Revier – man muss da schon sagen in einer benachbarten Region – einen Urkeiler, der nach Rudis Vermessung der fünftstärkste der Welt gewesen sein soll. Nachzulesen in Rudis Buch „Sehr geehrter, lieber Herr Keiler“ (erschienen im Verlag Neumann-Neudamm).

Sehr interessant war der Besuch bei einem blinden Imker. Dieser hauste mit seinen hundert Bienenkästen mitten im Wald. Er hatte sich vor einigen Jahren mit Methylalkohol blind gesoffen, kam aber mit seiner Arbeit blendend zurecht.

Er freute sich sehr über unseren unerwarteten Besuch und bot uns zur Begrüßung Honigmet an, dann zeigte er uns sehr stolz seine Anlage, die er genauestens kannte. Dies merkten wir daran, dass er uns beim Durchgehen mehrmals auf Kästen hinwies, die von einem Bären beschädigt beziehungsweise aufgebrochen worden waren. An den zwischenzeitlich von ihm wieder reparierten Stöcken waren deutlich noch die Risse der Bärenkrallen zu sehen.

Bilder des unbekannten russischen Künstlers.

Auch einen örtlichen Künstler besuchten wir, worauf ich hartnäckig bestanden hatte. Er leitete die dortige Schule. Trotz Ferien lud er uns zur Besichtigung des bescheidenen Holzbaues ein. In allen Gängen und Schulräumen hingen seine Bilder. Er malte in Öl, puzzelte aber viele Bilder mit Werkstoffen der Region zusammen. Ich war sofort fasziniert und kaufte ihm zwei Bilder ab, deren Preis überhaupt nicht der Rede wert war, aber die Devisen halfen diesem Künstler natürlich gut weiter.

Dies veranlasste mich dazu, ihn zu fragen, ob er nicht einmal in Frankfurt ausstellen wollte. Ich hätte das organisiert. Er war begeistert, aber wie das so ist, ein Jahr später war er tot und seine Witwe wollte sich von seinen Bildern nicht trennen. Vielleicht traute sie auch meinem sehr fair gedachten Vorschlag nicht, ich weiß es nicht. Diese ausgesprochen interessanten Naturbilder wären hier bei uns mit Sicherheit leicht und auch zu einem für Sibirier fantastischen Preis zu verkaufen gewesen. Seine Bilder hängen jetzt in meiner Praxis und werden immer wieder von meinen Mandanten bestaunt.

Sicherlich ziehen in den riesigen Weiten der Primorje noch starke und stärkste Keiler ihre Fährten. Wenn man sie finden will, muss man aber längere Zeit dort jagen, eine Woche ist dazu einfach zu kurz.

Aber allein das jagende Durchstreiften dieser unendlichen Wälder und Hügel, das Überqueren der unbekannten Flüsse und das Erleben der Flora und Fauna lohnen schon so eine weite Reise.

Schlussgedanken

Wenn sie uns auch manchmal gewaltig ärgern und mit den Schäden, die sie überall verursachen, zur Weißglut bringen, so hat es unser Schwarzwild doch eigentlich verdient, dass es artgerecht und ritterlich bejagt wird. Das aber ist viel leichter gesagt oder geschrieben, als es durchzuführen ist. Der Traum eines jeden Schwarzwildjägers ist und bleibt nun einmal das starke Keilergewaff. Leider, leider wird dieses Ziel nur ganz selten und meist rein zufällig erreicht. Dabei wäre es doch das Leichteste, reife Keiler heranzuhegen. Die zahlreichen Sauparks machen es uns doch vor. Dort wird nicht das ganze Jahr auf Sauen herumgeschossen und bei den Jagden, die allerdings tagsüber und bei bestem Büchsenlicht stattfinden, sorgfältig selektiert. Bei Ansitzen werden Überläufer und mittelstarke alte Stücke pardoniert, mit dem Ergebnis, dass in diesen geschützten Revieren regelmäßig starke und reife Keiler gestreckt werden können. Sie bringen dann nebenbei bemerkt echtes Geld ein, wenn ihre Abschüsse verkauft werden.

Sauen können zwar zwölf und mehr Jahre alt werden, aber sie haben einen Reifegrad ungefähr wie Rehe. Mit fünf bis sechs Jahren bringt es ein Keiler schon zu beachtlicher Stärke und zu einem wunderbaren Gewaff. Man muss Schwarzwild nicht füttern, man muss ihnen nur Ruhe und Zeit geben, mithin müsste man den Finger auf männliche Stücke einfach so lange gerade lassen, bis sie ihr Reifealter erreicht haben. Was gäbe das Keiler, wenn die Jägerei gemeinsam so verfahren würde!

Die geradezu unglaubliche Vermehrungsfreudigkeit der Sauen kann der geneigte Leser der umseitigen Vermehrungstabelle von weiblichen Nachkommen einer einzigen Bache entnehmen. Bis zum Alter von acht Jahren und jährlich zwei weiblichen Frischlingen als Nachkommen, bringen eine Frischlingsbache und ihre Nachkommen in dieser Zeit 494 weibliche Stücke zur Welt! Die Zahl der männlichen Stücke ist wohl genauso hoch. Was müsste es da doch Keiler geben! Diese gibt es aber nicht. Nicht in unseren dicht besiedelten und flächendeckend bejagten Revieren. In ihnen ziehen Überläufer- und Jungkeiler schon bei fast jedem Mond an Zielfernrohren vorbei und irgendwann knallt es und die Keilerkarriere ist frühzeitig beendet.

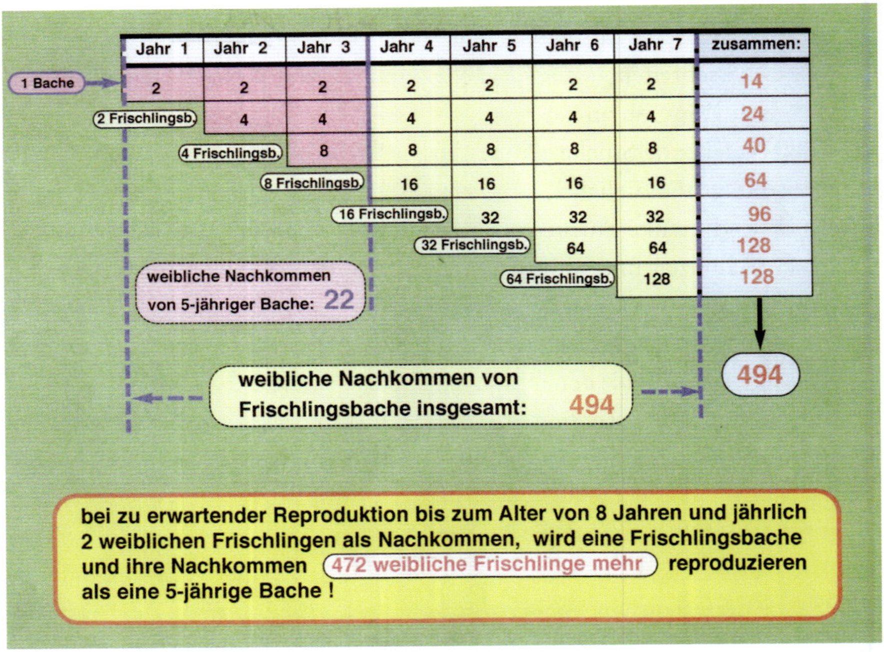

Vermehrungstabelle.

Immer wieder haben sich Schwarzwildliebhaber dazu aufgerafft und versucht, hier für Abhilfe zu sorgen. Allgemein bekannt beziehungsweise noch in Erinnerung dürfte das „Lüneburger Modell“ sein. Leider konnten sich auch diese Richtlinien zur Bejagung des Schwarzwildes nicht bleibend durchsetzen.

Im Jahre 1968 rief der Forstamtsleiter Teuwsen in der Lüneburger Heide die dortigen Jäger zur geordneten Bejagung der Sauen auf. Seine Gedanken und die von ihm verfassten Richtlinien zur Bejagung des Schwarzwildes sind es mehr als wert, an dieser Stelle einmal wiedergegeben zu werden. Teuwsen gab als Hegeziel einen gesunden Schwarzwildbestand mit ausgewogener Altersgliederung, der in seiner Höhe für die Landeskultur tragbar ist und nachhaltig eine angemessene Bejagung ermöglicht, aus. Dabei sollte eine ausreichende Anzahl von Stücken das Zielalter von fünf Jahren und älter erreichen.

Dazu formulierte er zahlreiche Richtlinien:

1. Stücke über 50 kg (aufgebrochen) sind zu schonen. Den Jägerschaften beziehungsweise den Hegegemeinschaften (HGM) bleibt es überlassen, die

Gewichtsschwelle zu senken. Die Toleranzgrenze sollte 10 % nach oben nicht überschreiten.

2. Aus einer Rotte ist zunächst immer das schwächste Stück zu erlegen.
3. Einzeln ziehende Stücke sind, soweit sie nicht unter 4. und 10. einzuordnen sind, grundsätzlich zu schonen!
4. Bunte und kranke Stücke sind im ganzen Jahr bei Beachtung der gesetzlichen Schonzeit und waidmännischer Grundsätze ohne Gewichtsbegrenzung frei.
5. Frischlinge sind früh und scharf zu bejagen. Sobald das Streifenmuster schwindet, sollte mit der Bejagung begonnen werden.
6. Von den Überläufern sind in erster Linie schwache Stücke zu strecken. Männliche Überläufer sind nach Möglichkeit zu schonen. Die Gewichtsgrenze von 50 kg sollte in den Sommermonaten nicht ausgeschöpft werden.
7. Ein Stamm alter, erfahrener Bachen ist zu erhalten.
8. Wenn erforderlich, können in den Hegegemeinschaften einzelne Bachen ab 01.11. freigegeben werden. Diese Abschüsse sollten der Einzeljagd vorbehalten bleiben.
9. Dabei sind vorrangig Bachen, die zur Unzeit, zumindest solche, die in der Zeit vom 01.07. bis 30.11. gefrischt haben, samt Nachwuchs dem Bestand zu entnehmen.
10. Gruppenkeiler sind innerhalb der Hegegemeinschaft kontingentiert freizugeben und ab 01.09. zu bejagen. Als „jagdbar“ gelten Keiler, die mindestens 5 Jahre alt sind oder 100 kg und mehr (aufgebrochen) wiegen. Das Gewaff soll, die Schwarte kann bei Trophäenschauen gezeigt werden.
11. Vom 01.02. bis 15.06. soll die Jagd auf Schwarzwild grundsätzlich ruhen. Der Abschuss von Überläufern in der Schonzeit würde in der Praxis einer ganzjährigen Bejagung des Schwarzwildes mit den bekannten negativen Auswirkungen gleichkommen. In Schadensfällen können in der Zeit vom 01.02. bis 31.03. unter Beachtung der Gewichtsgrenze von 50 kg Frischlinge des Vorjahres und solche aus demselben Jahr erlegt werden. Vom 01.04. bis 15.06. sind nur noch Stücke bis 25 kg aufgebrochen frei. Zur Abwendung unzumutbarer Schäden in der Zeit vom 01.02. bis 15.06. sind Anträge auf Abschuss stärkerer Stücke an die HGM beziehungsweise an die Kreisjägermeister zu richten.

12. Die Intensität der Bejagung muss sich nach der Bestandsentwicklung richten und wird in der Hegegemeinschaft geregelt. Eine Strecke mit folgender Gliederung ist anzustreben:

Stärkere Stücke einschließlich	Gruppenkeiler	10 %
Stücke unter 50 kg	Überläufer	20 % (höchstens)
	Frischlinge	70 % (mindestens)

Als Richtzahl muss geltend: Auf 3–4 Frischlinge 1 Überläufer
Die vorstehenden Grundsätze der Bejagung sollten bei Gesellschaftsjagden und auf der Einzeljagd konsequent angewendet werden.
Unkundige Jäger sind eingehend zu unterrichten.

Wie Bomben haben schon kurze Zeit später die Abbildungen von Keilertrophäen aus dem Regierungsbezirk Lüneburg unter den Schwarzwildjägern eingeschlagen.

„Das ist es", dachten wir alle. Heute ist von diesem Modell nicht mehr viel übrig geblieben, sodass auch die reifen Keiler wieder ausbleiben. Das Lüneburger Modell stützte sich auf freiwillige Beschlüsse der Jägerschaften im ehemaligen Regierungsbezirk Lüneburg. Seine Erfolge wurden bundesweit anerkannt. Das Modell forderte dem Jäger ein hohes Maß an Können und Verantwortungsbewusstsein ab, Loyalität sollte die Grundlage für die erfolgreiche Arbeit sein.

In den meisten Fällen war die Jägerei damit offensichtlich überfordert. Die Folge ist, dass starke und reife Keiler wieder ausbleiben.

Mitte der 70er Jahre gab es schon einmal eine Serie von starken Masten in den Wäldern, die eine starke Schwarzwildschwemme zur Folge hatte. Die Wildschäden stiegen gewaltig an. Mehr und mehr Druck der Landwirtschaft auf die Feldjäger und die großen Waldeigentümer baute sich auf und löste eine Lockerung der recht strengen Vorgaben aus. In der Folge dieser Schwarzwildschwemme, unter der wir zurzeit fast noch mehr leiden, wurde es dann sehr schwierig, die Jägerei zu diszipliniertem Jagen zu verpflichten.

Ein Schwachpunkt dieses Modells war die Schonung der mittelalten Sauen und die damit einhergehende Erhöhung der Vermehrungsträger. In weiser

Voraussicht forderte Teuwsen schon die massive Bejagung der Frischlinge zur Absenkung des Zuwachses.

Um nicht Haus und Hof zu verlieren, mussten die Revierpächter die Bejagung der Sauen in eine Bekämpfung derselben umwandeln. Anders ging es einfach nicht mehr. In vielen Revieren überstiegen die zu berappenden Wildschäden vielfach weit die jeweiligen Jahrespachten.

Aber immer wieder fanden sich Idealisten unter den Jägern, die sich mit der Bejagungsmisere des Schwarzwildes einfach nicht abfinden wollten. Immer wieder und überall kreierten sich Schwarzwildhegeringe mit dem Lüneburger Modell ähnlichen Zügen. Soweit ersichtlich, ist nirgends wirklich Beachtliches dabei herausgekommen.

Auch wir in Kranichstein gründeten einen Schwarzwildring. Wir vereinfachten die Sache etwas, Sauen sollten meiner Erinnerung nach bis 40 kg oder ab 100 kg oder mit mehr als 6 Jahren gestreckt werden dürfen.

Schon im ersten Jagdjahr dieses Hegerings erlebte ich eine sehr enttäuschende Überraschung. Ich lieferte am 16. Juni, dem Aufgang der Jagd auf stärkere Stücke in einer Gastwirtschaft einen schwachen Überläufer aus meinem Revier ab. Vor der Wildkammer des Gasthauses traf ich auf einen Pächter aus diesem Hegering. Dieser lieferte einen zweijährigen Keiler, der das ganze Gebrech noch voll zerkautem gelben Mais hatte, dort ab. Mit einem verschmitzten, ja verschworenen Augenzwinkern sagte er zu mir: „Passt doch, oder?" Schon da war mir klar, dass dieser Schwarzwildring, wie so viele andere, zum Scheitern verurteilt war. Ich schied dann auch bald aus, weil mir ein beachtlicher Waldanteil meines Reviers vom Forst nicht wieder verpachtet wurde. Eine geordnete und erfolgreiche Bejagung von Sauen ohne Wald ist so gut wie unmöglich. Im Sommer hat der Feldpächter den Schaden, die Frischlinge sind noch zu klein zur sinnvollen und auch wirtschaftlichen Bejagung und im Winter, wenn die Sauen nicht mehr ins Feld ziehen, können dann die Waldpächter die Ernte einfahren.

In diesem Hegering kamen von 1996 bis 2006 1420 Stück Schwarzwild zur Strecke. Weitere 247 Sauen waren Unfallwild. Wirklich reife Erntekeiler kamen meines Wissens, wenn überhaupt, eine Handvoll zur Strecke, also etwa 1 %, wenn es hochkommt 1,5 %. Dieses Ergebnis stellt uns Jägern leider ein schlechtes Zeugnis aus, ist aber allenthalben so üblich.

Jäger, denen das Schwarzwild am Herzen liegt, sinnieren immer wieder darüber nach, wie man hier erfolgreicher vorgehen könnte. Entscheiden können in den Revieren die Pächter und in den Verwaltungsjagden die Revierleiter. Nur auf sie kommt es letzten Endes an. Sie könnten einen Schutz des männlichen Schwarzwildes schon durchsetzen. Die Misere aber ist, dass sich in vielen Revieren ganze Syndikate aus finanzierenden Jägern gebildet haben, die auf Mitspracherecht und auf ihr Abschussrecht pochen. In den Verwaltungs- und Privatjagden ist es einfacher, hier kann die Bejagungsart einfach angeordnet und auch durchgesetzt werden.

Die meisten Jagdpächter gehen gegenüber ihren Gästen und Jagdfreunden einfach zu lasch vor, Fehler werden immer wieder verziehen mit der Folge, dass man in puncto Schwarzwildbewirtschaftung immer wieder auf der Stelle tritt.

Manchmal frage ich mich, was unsere Sauen denn so an sich haben, dass sie allenthalben einfach als Freiwild betrachtet werden. Eine gute Keilertrophäe sticht doch jede Menge Rehkronen aus. Man stellt sich dann automatisch die Erlegung eines solchen Urians vor, wenn man vor der Trophäenwand steht. Bei fast allen Trophäenschauen zieht es die Besucher, vor allem das fachlich jagdliche Publikum doch zuallererst zu den Keilerwaffen hin. Diese sind die Preziosen der Veranstaltungen, zumindest wenn keine starken Rot- oder Damwildtrophäen oder Muffelschnecken ausgestellt werden.

Manchmal denke ich, dass sich die Mitglieder von Hegegemeinschaften, auf deren Fläche Schwarzwild in ausreichender Zahl vorkommt, zu einer Art Rütlischwur zusammenschließen sollten, und zwar ganz einfach dergestalt, dass Überläuferkeiler und männliche Stücke im Alter bis zu 5 Jahren nicht geschossen werden.

Bei Einhaltung dieser geradezu simplen Bejagung würden sich in kürzester Zeit schon hervorragende Ergebnisse erzielen lassen. Wenn dadurch allein die gegenwärtig mit Sicherheit vorhandenen 2- bis 3-jährigen Keiler zwei Jahre Ruhe bekämen, würden schon etliche Keiler in ihr Reifealter hineinwachsen können. Dies doch schon deshalb, weil ja nicht alle Keiler gleich bei Erreichung ihres Erntealters erwischt werden.

Ein Hegering müsste so oder in ähnlicher Art vorgehen, seine Erfolge würden vielleicht andere Ringe zur Nachahmung bewegen.

Von behördlicher oder gesetzlicher Einschaltung halte ich nicht viel. Auch von einer Vorzeigepflicht des gestreckten Wildes sollte man tunlichst absehen. Zu viel Vorschriften und Regulierungen schaden dem Ruf der Keiler, ihre Erlegung würde durch derartige Verpflichtungen eher lästig und das sollte ja gerade nicht der Fall sein.

Wenn einmal tatsächlich wieder starke Fährten in den Revieren stehen und wenn wirkliche dunkle Koffer hie und da das Jägerherz höher schlagen lassen, wenn sagenhafte starke unheimliche Keiler durch die Reviere geistern, über die dann bei allen Jägertreffen gesprochen wird, dann macht doch das Jagen auf Schwarzwild noch viel mehr Freude.

Aber auch ohne starke Keiler macht die Jagd auf Sauen Spaß, sie fasziniert wie eh und je. Einmal Schwarzwildjäger, immer Schwarzwildjäger.

Zurzeit gleicht die Erlegung eines alten reifen Keilers einem Sechser im Lotto, hoffen wir, dass auch wieder Zeiten kommen, in denen es nicht so sein wird.

In diesem Sinne grüße ich alle Saujäger und wünsche Ihnen ein kräftiges Waidmannsheil! Sollten Sie wie ich auch von der Saukrankheit befallen sein, pflegen Sie dieses Leiden, es ist das schönste Leiden, das es gibt!

Heute nähere ich mich schon dem 72. Lebensjahr. Das Jagdjahr 2010/2011 ist gerade zu Ende gegangen, ich habe 31 Sauen geschossen, ein Jagdergebnis, mit dem ich zufrieden bin. Ich habe jetzt nahezu 1000 Sauen gestreckt. Nicht weil ich unbedingt noch 100 oder mehr Sauen schießen möchte, sondern weil mein Jägerleben einfach so schön, beglückend und erfüllt ist, bitte ich täglich unseren Herrgott, mir noch ein paar solche Jagdjahre zu gewähren.

Ich habe eine Jagdzeit erleben dürfen, wie sie für einen Saujäger überhaupt nicht besser sein konnte. Solche Sauschwemmen, wie wir sie in den letzten zwanzig Jahren hatten, gab es vorher nie. Zweifellos müssen die hohen Bestände zurückgefahren werden, das geht aber nicht von heute auf morgen. Ich möchte mich daran noch möglichst lange beteiligen.